一道顶一万道

逻辑思维
就这样练

[英] 查尔斯·菲利普斯 / 著

张申文　白柯欣 / 译

北京科学技术出版社

100 层童书馆

目录

关于逻辑思维你要知道的事

你有没有为之前的决定后悔过："当时我到底怎么回事，竟然做出那么愚蠢的决定？"或者，在别人讨论热点新闻时，你可能会想："我又不是专家，怎么知道谁说的更有道理呢？"逻辑思维会帮你做出更明智的选择，还会帮你判断谁的论证更合理。理解并应用下面介绍的逻辑分析规则，你将学会自己独立思考，而且还能把思路整理得井井有条。

逻辑思考的过程

通常逻辑思考的过程如下：从前提条件出发，一步一步地推理，最终得出结论。在合乎逻辑的论证中，每一步推理都稳扎稳打。因此，如果最初的前提是正确的，那么最后的结论也一定正确。但在不合逻辑的论证中，推理过程可能并不严谨，哪怕前提正确，结论也有可能出错。

小心错误的推理过程

下面是一个合乎逻辑的论证：所有的X都是Y，所有的Y都是Z，因此所有的X都是Z——"所有的拉布拉多犬都是狗，所有的狗都是哺乳动物，因此所有的拉布拉多犬都是哺乳动物。"另一个论证稍有不同，乍一看，似乎也合乎逻辑，实际上却不成立：所有的X都是Y，Z也是Y，因此Z是X——"所有的猫都是哺乳动物，蓝鲸也是哺乳动物，因此蓝鲸是猫。"

第二个例子中的结论明显是错的。日常生活中到处都是这样的逻辑游戏，不过有时候很难一眼就看出它们的正误。所以，你要学会识别推理过程是否符合逻辑，并且时刻保持清晰的思路。

小心错误的前提

你可以构建一个在形式上完全合乎逻辑的论证，但如果前提是错的，那么得出的结论也会错。看一下这个论证："所有的鸟都会飞，企鹅是鸟，因此企鹅也会飞。"即使论证过程本身毫无破绽，但错误的前提会导出错误的结论。

演绎与归纳

逻辑论证有两种主要方式：演绎论证和归纳论证。演绎论证是指前提完全支持结论的论证；归纳论证是指前提总体上支持结论，但并非完全支持结论的论证。在现实生活中，我们常常不得不采用归纳论证，因为我们遇到的前提不总是百分之百正确。不过，如果在论证过程中进行严密的逻辑推理，还是很有可能通过归纳论证得出正确结论的。

逻辑与情感

我们之所以做出错误的决策，常常是因为情感干扰了理智。大脑会试图说服我们："我想做的选择就是最佳选择。"

然而，有些决策可能需要我们谨慎思考，平衡很多不同的因素。比如，考试时是死磕难题还是回头检查简单的题目，放学后是和小伙伴一起玩还是独自待着。为了不让自己后悔，做决定时用上逻辑思维至关重要。运用逻辑思考的基本技巧，你可以更好地审视自己的选择和目标，看看自己想做的事情是否真的符合最佳利益原则。

逻辑、创造力和直觉

尽管逻辑思考是个很棒的思考策略，但让思考有逻辑并非唯一目标。要想更好地进行思考，你得把逻辑思考、创造力和直觉结合在一起。

积极心态

提高思维能力的首要秘诀是保持积极的心态。有了好心态，我们就可以集中精力，高效解决问题。所以，记住这些关于逻辑思维的必备知识，相信自己，让我们开始脑力挑战吧！

如何使用这本书

你会在书里遇到一群热爱谜题的小镇居民，并且和他们一起解决不同难度级别的谜题：简单、中等、困难和终极挑战，每种难度级别都标有解决问题的理想时长。这可能会给你带来一些压力，但限制时长往往会帮助你更好地思考。不过，你也不必担心，就算发现自己所花的时间超出理想时长，你也可以放轻松。有些谜题还有升级版，可为你提供更多的练习机会。

请留意"加时谜题"，你可能需要更长的时间来解决这些谜题，但这并不意味着它们更难，而是因为做这些谜题时需要更多的步骤。在你可能需要帮助的地方，我们设置了相应的提示。书中还有"笔记和涂鸦"页面，你可以用来做笔记！

最后的"终极挑战"会让你新发展出的逻辑思维能力得到充分锻炼，建议你用10~15分钟完成这道题，仔细研究，并在空白处做一些笔记。

随着逻辑思维的发展，你会在学习和生活中的很多方面都变得更加得心应手——你会更擅长识别他人言论中的逻辑漏洞，并且更加清晰、快速地思考。所以，翻开下一页，开始逻辑思考吧！

谜题等级	解决时间
简单 = 小试牛刀	1~3 分钟
中等 = 奋勇直前	4~6 分钟
困难 = 大显身手	7~8 分钟
加时谜题	8+ 分钟
终极挑战	10~15 分钟

培养逻辑思维的

50个谜题

记住：集中精力，仔细观察！检查你的推理过程。
用思维技巧武装你的大脑，开始逻辑思考！

培养逻辑思维的
简单谜题

　　这部分谜题能锻炼你观察和解释事物的能力，还可以锻炼你的视觉逻辑能力和从信息中提炼出结论的能力。这些谜题都很有趣，试着用积极的心态来处理这些谜题吧！你要认真读题，确保自己明白题目的要求。还有，别忘了回头复查呀。不要害怕犯错，因为"失败是成功之母"！

谜题 1
莫萨达老师的数字金字塔

　　莫萨达老师为计算机课设计了一项热身活动。他打算用数字金字塔来测试同学们的逻辑思维能力和心算能力。在数字金字塔上，除了最下面的一行之外，每块砖上的数字都是它下面2块砖上的数字之和，如 $F=A+B$。你能计算出金字塔上所有缺失的数字吗？

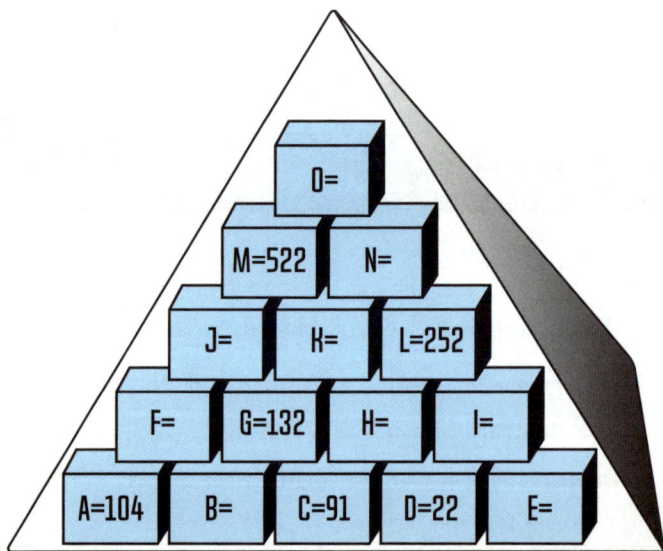

```
                        O=
                 M=522      N=
              J=      K=      L=252
          F=      G=132     H=      I=
      A=104    B=      C=91     D=22     E=
```

提示　　从H入手可以很快算出I和E的值。心算可以锻炼连续推理能力，对提高逻辑思维能力非常重要。

谜题 2
数字板

　　加布里埃尔是个思维活跃的学生，总喜欢提出与逻辑思维及数学有关的问题。暑假期间，他会去做一些零工。当他在小之酒店工作的时候，他把用来挂房间钥匙的号码板按照下图所示的顺序摆放，然后让同事马库斯推出完整的数字序列。你能帮马库斯推出问号代表的数字是多少吗？

10	3	6	7	?
1	?	5	4	9

提示　如果偶数单独组成一个序列，会很"奇"怪吗？

谜题 3
德鲁的多米诺骨牌桌

为了展示自己收藏的多米诺骨牌，艺术家德鲁制作了一张特殊的桌子。桌上写着一些数字，如下图所示。德鲁邀请他的客人斯科蒂把28张多米诺骨牌放在桌子上，使多米诺骨牌上的数值与桌子对应位置上的数字相符。你能帮助斯科蒂画出下图中多米诺骨牌的轮廓吗？下面的勾选框可以帮助你，每组数字（如"3-4"）代表一张多米诺骨牌。为了让斯科蒂解题更容易，德鲁已经把"2-5"这张多米诺骨牌放好了。记住：多米诺骨牌只能竖向或者横向放置，不能沿对角线放置。

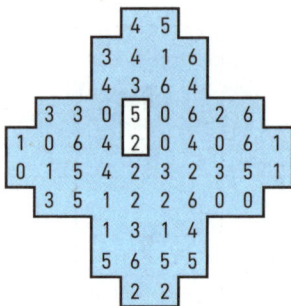

```
            4 5
          3 4 1 6
          4 3 6 4
      3 3 0 5 0 6 2 6
    1 0 6 4 2 0 4 0 6 1
    0 1 5 4 2 3 2 3 5 1
      3 5 1 2 2 6 0 0
          1 3 1 4
          5 6 5 5
            2 2
```

0-0	0-1	0-2	0-3	0-4	0-5	0-6

1-1	1-2	1-3	1-4	1-5	1-6	2-2

2-3	2-4	2-5	2-6	3-3	3-4	3-5
		✓				

3-6	4-4	4-5	4-6	5-5	5-6	6-6

提示

首先确定哪些多米诺骨牌可选择的摆放方式较少。

谜题 4
大学里的自行车铃声

有5个来自不同专业的大学生成了好朋友。他们经常见面，而且会一起骑自行车去听不同的讲座。每次见面时，他们的自行车铃声仿佛在互相打招呼——"你好"。研究下面的线索，以确定每个人的住处，他或她所学的专业，以及每个人的自行车颜色。

1.学历史专业的学生（不是汉娜）住在马鞍街，他（她）既没有银色自行车，也没有绿色自行车。

2.德里克骑着一辆明亮的橙色自行车，他的专业既不是历史，也不是计算机。

3.住在车轮路的学生既不是学工程学的吉米，也不学心理学（学心理学的学生的自行车既不是绿色的，也不是红色的）。

4.骑银色自行车的学生既不住在汉德巴尔山（住在汉德巴尔山的学生学的是计算机），也不是住在连锁店路的莎伦。

		住处					专业					自行车				
		贝尔大道	连锁店路	汉德巴尔山	马鞍街	车轮路	计算机	工程学	历史	语言学	心理学	绿色	橙色	紫色	红色	银色
学生	德里克															
	乔治															
	汉娜															
	吉米															
	莎伦															
自行车	绿色															
	橙色															
	紫色															
	红色															
	银色															
专业	计算机															
	工程学															
	历史															
	语言学															
	心理学															

学生	住处	专业	自行车

谜题 5
网格块

　　你能把右侧的12个黑色图案放到左侧的网格中吗？网格外的数字是指每一行从左到右或者每一列从上到下的连续黑色小方块的数量。黑色小方块之间至少有1个空心小方块。例如，"3、2"可以指一行先是0个、1个或多个空心小方块，然后是3个连续的黑色小方块，再然后至少是1个空心小方块，接另外2个连续的黑色小方块，最后是任意数量（包含0个）的空心小方块。每个黑色图案都可以旋转或翻转，但是黑色图案之间不能相邻，即使是对角线相邻也不行哟。

提示

　　试着想象同一个图案的多种形式。在网格中，多试试不同的摆放方式。

谜题 6
只有一张纸条说的是真话

佩里生日那天回到家，发现哥哥在厨房里留下了4张纸条：一张在冰箱上，一张在橱柜上，一张在烤面包机上，一张在烤箱上。另外，厨房门上还贴着一张纸条，上面写着："生日快乐，佩里。你的礼物就在厨房里。但你会发现，只有一张纸条上的内容是真的！"厨房里的4张纸条内容分别如下：

冰箱上的纸条写着："你的生日礼物放在橱柜里或烤箱里！"

橱柜上的纸条写着："你的生日礼物在冰箱里或烤面包机里！"

烤箱上的纸条写着："你的生日礼物就在这里！"

烤面包机上的纸条写着："你的生日礼物不在这里！"

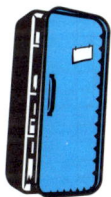

提示　　可以先在纸上记录礼物不会出现的地方。

谜题 7

哈利·斯塔斯的纸牌游戏

中学生哈利·斯塔斯给好朋友汉克设计了一个名为"保持耐心"的纸牌游戏。他在12张纸牌上分别做了从A到L的标记。然后，他问汉克："每张纸牌的面值和花色是什么？"

哈利排列纸牌的规则如下：总面值是84，且12张纸牌的面值各不相同（这副纸牌中A=1，J=11，Q=12，K=13）。水平方向和垂直方向上相邻的纸牌颜色不同，且每一行有4种不同的花色，每一列有3种不同的花色。除此之外：

1.面值为6的纸牌与面值为10的纸牌相邻，且在其上方；面值为10的纸牌又与黑桃2相邻，且在其上方。

2.纸牌C的面值比纸牌F的面值小3，纸牌F的面值比纸牌L的面值小3，纸牌L的面值比纸牌A的面值大。

3.与红心A（面值1）相邻且在其正下方的纸牌的面值比纸牌H大3，纸牌H与纸牌C花色相同。

4.与方块J（面值11）在同一行的、花色为梅花的纸牌，其面值比纸牌B的面值大2。

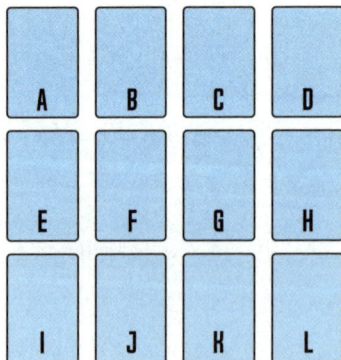

A	B	C	D
E	F	G	H
I	J	K	L

谜题 8
在小之酒店解谜

　　思维活跃的学生加布里埃尔还在小之酒店工作（见谜题2）。酒店一共有4个留言簿，每个留言簿上都写着数字。生意不忙的时候，加布里埃尔喜欢不断地排列这些数字。有一次，他排列出了一个数字顺序，让同事谢默斯根据下面的3条线索重新排列数字。你能帮助谢默斯破解这个谜题吗？

　　下面是加布里埃尔提供的线索：

　　在新序列中，中间的数字加起来是5；数字4与数字1相邻，且在其左边；最右边的数字比最左边的数字大。

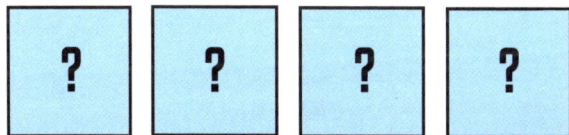

| 3 | 1 | 2 | 4 |

| ? | ? | ? | ? |

提示　　仔细阅读线索。尝试在不动笔的情况下完成这道题，这样可以锻炼你的短时记忆力和视觉逻辑能力。

谜题 9
热带鱼喜欢温暖的水域

你知道什么是韦恩图吗？哲学老师亚历克西斯喜欢用韦恩图来培养学生的视觉逻辑能力和快速思考能力。他准备了下面的韦恩图，问学生们："谁能最先找出图中哪个区域代表同时有蓝色尾巴和黄色鳍，在黑暗中发光，但不生活在冷水中的鱼？"安格斯第一个说出了正确答案。你知道正确答案是哪个区域吗？

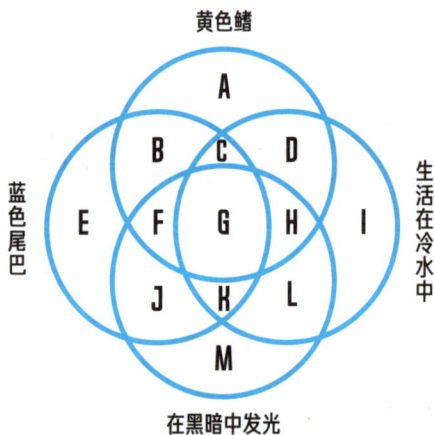

黄色鳍

A

B　C　D

蓝色尾巴　E　F　G　H　I　生活在冷水中

J　K　L

M

在黑暗中发光

提示　一定要仔细读题，这道题很容易做错。

谜题 10
求和

　　热爱思考的哲学系学生卡洛找到了一些印有基本数学运算符号加、减、乘、除（+、-、×、÷）的杯垫，并把它们带到了他做暑期工的"夕阳小调"餐馆。他把6个写有数字的杯垫排成一行，然后请经理法布里齐奥在数字之间插入4种运算符号（+、-、×、÷）来构建等式。他告诉法布里齐奥："这些数学运算符号可以任意排列，但其中只有一个符号被使用了2次。"你能帮助法布里齐奥找到正确答案吗？（从左到右顺序计算，不用考虑先乘除后加减的问题。）

| 6 | | 3 | | 5 | | 7 | | 4 | | 8 |

| = | 13 |

提示

你需要在3分钟内解决这个问题。可以一边做题，一边在已经使用过的符号上打钩。也可以在书上或者草稿纸上写下计算过程。

谜题 11
数字填空

　　将这些数字填写到网格中。可以把已经填进去的7位数数字当成填空的线索。先找一个以4开头的6位数（很简单的），然后继续填下去。

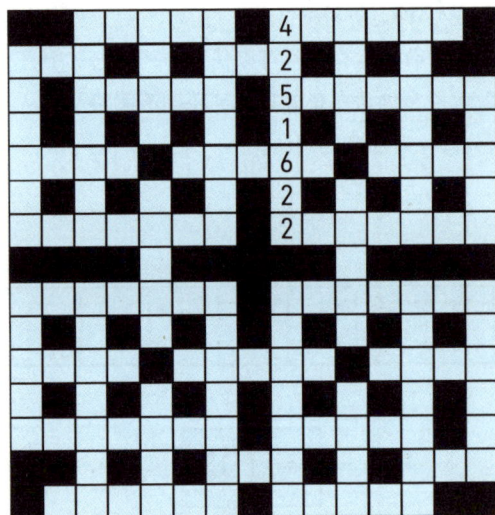

三位数	4676	41693	272969	4968451
187	5212	50289	435432	5693211
652	6407	69734	501123	5916894
765	7024	72268		6573079
963	8241	75913	**七位数**	7019855
		87126	1498016	7124356
四位数	**五位数**	93775	1781640	8027294
1908	19351		2456733	9313857
2609	24007	**六位数**	3482667	9758036
3313	30442	129194	4251622	

谜题 12
丽贝卡的数字小径

为了筹备派对，数学天才丽贝卡在自己家花园露台上画了一个数字网格。她让客人伊森画一条不间断的线，将网格上位于小方格四角的所有点水平或垂直地连接起来。在数字网格中，有些方格里有数字，这些数字代表该方格有多少条边与伊森所画的线重叠。如果方格里没有数字，则方格的任意一条边都可以与伊森所画的线重叠。

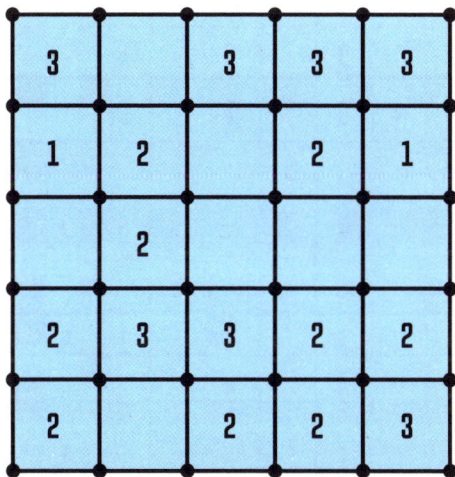

3		3	3	3
1	2		2	1
		2		
2	3	3	2	2
2		2	2	3

提示　试着从左上角开始。

谜题 13
数独

你能在空白方格中填入数字，使每一行、每一列和每一个九宫格都恰好包含1到9的数字吗?

	6					7		
8		9		6		5		
2	4	5			1	8		
				5				4
	5	4					6	9
3					6			
	7			5		1	2	6
	2			7		4		5
	1						7	

提示

试着用铅笔标出每一个九宫格，以及每一行和每一列中可以填入的数字，然后排除你不需要的数字。答案会变得越来越清晰。

谜题 14
数字搜索

这是你遇到的第一道"数字搜索"谜题。你的任务是：首先计算出 55241+682290 的值，然后在网格中找到这个数。这个数的每一位数字必须在网格中连续排列，而且可以是横、竖、斜任一种排列形式。

7	3	5	8	1	5	7	5	3	1	7	8
1	1	8	3	8	4	8	9	3	1	7	5
1	7	8	7	3	1	7	8	1	6	5	6
5	7	4	1	3	5	4	1	7	7	5	1
5	7	8	1	9	7	6	8	7	1	1	3
5	1	7	8	7	6	4	8	7	1	7	4
8	2	6	8	3	5	1	3	7	2	8	5
4	2	5	7	4	5	7	8	3	5	7	1
5	3	7	9	5	7	1	5	9	8	5	5
1	8	0	1	3	7	5	7	8	5	9	1
4	7	8	1	0	5	7	1	7	5	5	1
5	4	7	8	1	5	7	8	5	1	4	5

提示

"数字搜索"谜题与"单词搜索"谜题的规则相同。区别在于，在"数字搜索"谜题中，你要找的是一个数，并且必须先计算出你要找的数。

谜题 15
数字地带

　　艺术家、数学家伊斯特万为他的灯光装置"数字地带"设计了一套由4个九宫格组成的序列。在安装过程中，他给朋友兼助手阿科斯出了一道难题，即从A到E的5个九宫格中选择一个放到问号处，使整个九宫格序列呈现出一定的规律。阿科斯应该选择哪一个九宫格呢？

7	3	8
1	2	1
5	9	6

3	2	4
2	7	4
8	5	7

3	1	2
6	7	4
4	6	9

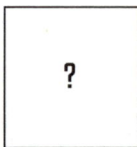

A

6	2	1
4	3	7
2	9	8

B

6	4	7
4	5	2
3	5	6

C

2	6	2
3	5	3
8	4	7

D

3	2	1
8	4	7
1	8	7

E

2	2	8
3	3	1
6	9	5

提示　想要找出规律，不妨优先考虑九宫格的每一列。

谜题 16
珍珠

下面的谜题源自日本的经典谜题"珍珠"。方格中有白色或蓝色的圆，你的目标是画一条穿过所有圆的回路。规则是这样的：回路必须从方格4条边的中点处进出；必须在通过蓝色圆时向左或向右转；必须在通过白色圆时笔直穿过；必须在笔直穿过一个方格后，才能穿过有蓝色圆的方格；必须在进入白色圆之前或之后的方格中向左或向右转；可以笔直穿过空方格，也可以在空方格中向左或向右转。注意，回路不能进入同一个方格2次，也不能交叉。

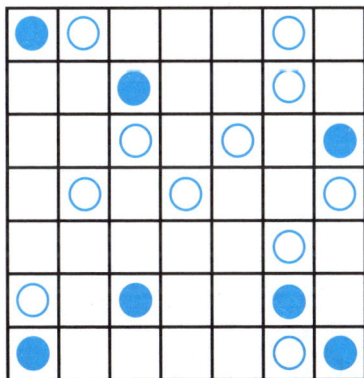

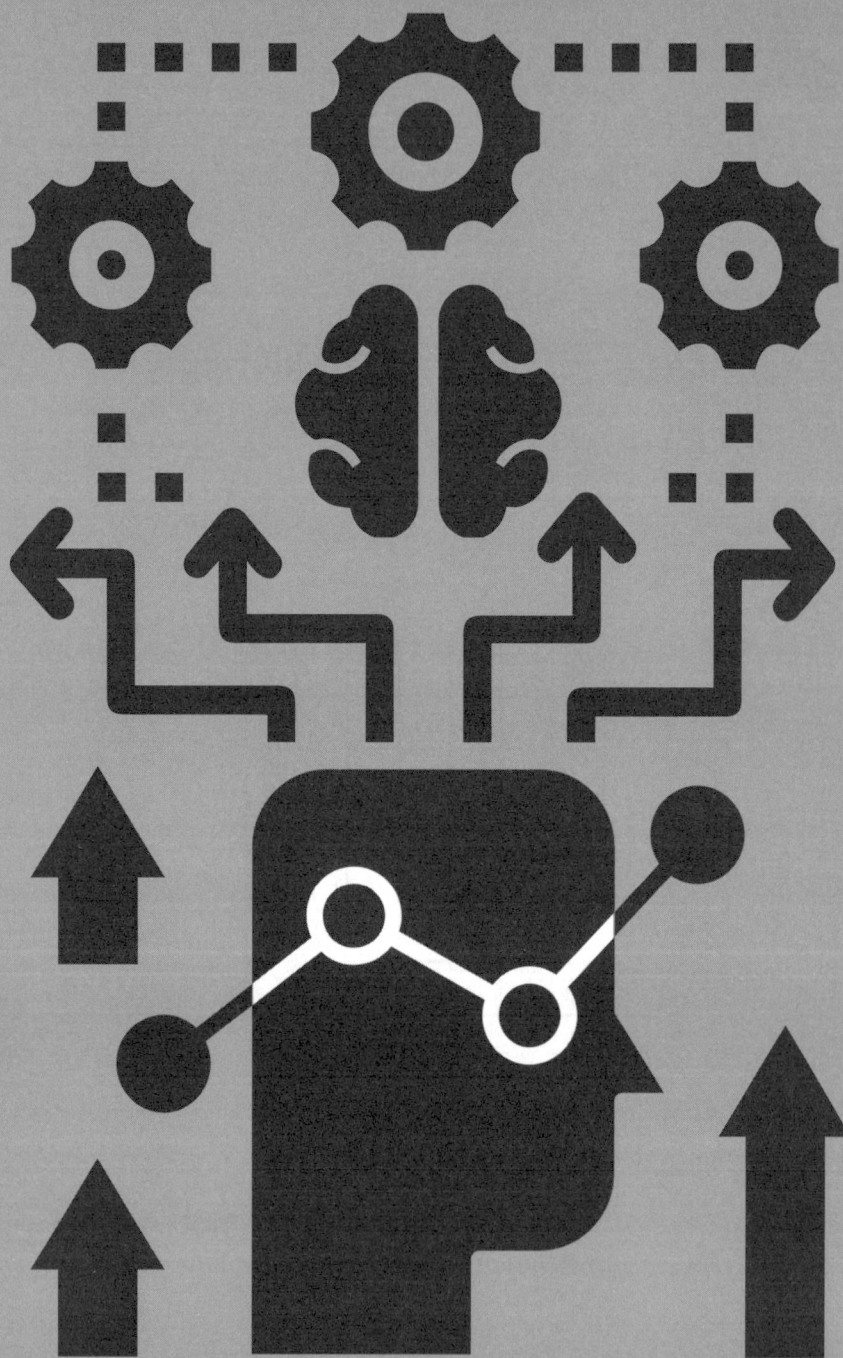

培养逻辑思维的中等谜题

　　这部分是难度中等的谜题。通过解答数字谜题、视觉练习和推理谜题，现在你已经熟悉了逻辑思考的基本要领——集中注意力阅读图表和文字，然后按照一连串的推理链，依据事实一步一步地推理，直到得出合理的结论。请继续奋勇向前吧！

谜题 17
克莱德的多米诺骨牌桌

　　德鲁的多米诺骨牌桌（见谜题3）得到了大家的一致好评，所以他应好朋友克莱德的请求做了另外一张骨牌桌。这张桌子上数字的位置和德鲁自己骨牌桌上数字的位置不一样。德鲁把桌子拿给克莱德，告诉克莱德他有6分钟的时间，把所有的多米诺骨牌摆在对应的位置上。如果克莱德能做到，德鲁就把这张桌子免费送给他。否则，克莱德就得支付100英镑。你能帮助克莱德免费得到这张桌子吗？

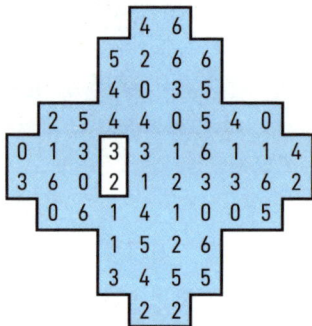

```
            4 6
          5 2 6 6
          5 4 0 3 5
      2 5 4 4 0 5 4 0
    0 1 3 3 2 3 6 1 1 4
    3 6 0 1 2 1 2 3 6 2
      0 6 1 1 4 1 0 0 5
          1 5 2 6
          3 4 5 5
            2 2
```

0-0	0-1	0-2	0-3	0-4	0-5	0-6		1-1	1-2	1-3	1-4	1-5	1-6	2-2

2-3	2-4	2-5	2-6	3-3	3-4	3-5		3-6	4-4	4-5	4-6	5-5	5-6	6-6
✓													

提示　从"0-0"入手貌似会简单一点儿哟。

28

谜题 18
5个小朋友和他们的宠物

5个小朋友每人各有一只猫、一条狗和不同数量的鱼。你需要确定：每个小朋友的猫和狗的名字，以及他们所养的鱼的数量。注意：这些小朋友各自在自己家的房子里。

1.养小猫"声酱"的小朋友所养的鱼是养小狗"慢慢"的男孩所养的鱼的2倍。

2.小猫"乔伊"和小狗"点点"住在同一所房子里，它们的主人不是乔西；有一所房子里养的鱼比乔西养的鱼少3条，但是不确定是不是"乔伊"和"点点"住的这一所房子。

3.威廉比卡罗琳多养了4条鱼。养有2条鱼的女孩不是安妮（安妮养的狗叫"船长"）。

4.和小狗"补丁"生活在一起的鱼比和小猫"大黑"生活在一起的鱼少；小猫"莱尼"的主人不是安妮。

	猫					狗					鱼				
	波比	声酱	乔伊	莱尼	大黑	班吉	船长	补丁	慢慢	点点	2	3	4	6	7
安妮															
卡罗琳															
乔西															
迈克尔															
威廉															

小孩	猫	狗	鱼

提示　　要解决这类问题，你只需把已知的信息标注在表格中，然后通过推理排除不可能出现的情况，最后留下的就是正确答案。

谜题 19
镜子序列

　　设计师彼得为客户家中的游戏室制作了一些镜子。这个客户名叫约书亚，是一位电子游戏制作人，他很有趣，爱开玩笑。他告诉彼得要换个顺序挂镜子，但只留下一些线索，彼得需要通过线索找出答案。你能帮助彼得找到镜子的顺序吗？

　　白色图案彼此相邻。

　　星星图案只移动了一步。

　　正方形图案在圆形图案和星星图案中间。

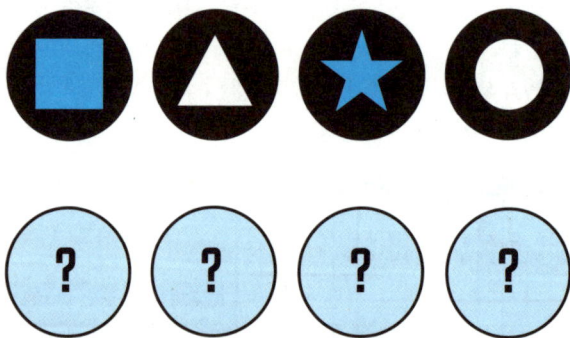

提示

　　乍一看，这些线索似乎毫不相干。全神贯注地再读一遍，你会一步一步地找到解决方案。

30

谜题 20
数字序列板

找出这个数字序列板的排布规律，并在问号处填上正确的数字。

10	11	9	10	8
?	5	6	4	9
11	?	6	8	7
13	12	?	13	15

提示

仔细观察从第二行某个数字开始的序列。这个序列可以向任何方向延展。

谜题 21
自行车的铃铛、篮子、灯和齿轮

　　亚历克西斯先生为他的学生画了一幅新的韦恩图（见谜题9）。这一次，他问大家："你能分别找出满足以下条件的自行车分别位于图中的哪个区域吗？1.自行车有铃铛、篮子，但是没有灯和齿轮；2.自行车有灯，但没有铃铛、篮子和齿轮；3.自行车有铃铛和灯，但没有篮子和齿轮。"然后，亚历克西斯先生又问大家："如果我的自行车有铃铛、齿轮和灯，但没有篮子，它应该在图中的哪个区域？"

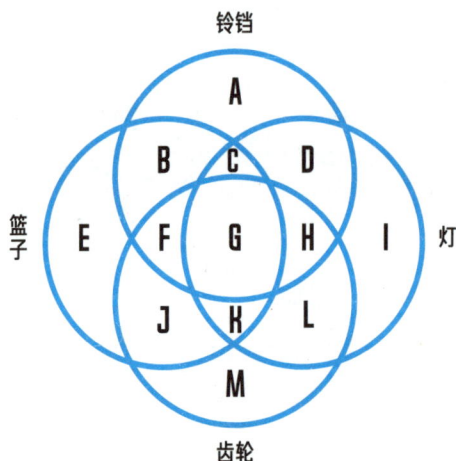

铃铛

A
B C D
篮子 E F G H I 灯
J K L
M

齿轮

提示

　　当你观察韦恩图时，请记住代表每个分类的大圆圈的轮廓。

谜题 22
求和 2

　　卡洛还在"夕阳小调"餐馆工作，他又一次摆放了数字杯垫（见谜题10），并让送货员安德鲁通过添加数学运算符号"+、−、÷、×"，创建一个有效的等式。和以前一样，卡洛说："这些数学运算符号可以任意排列，但其中只有一个符号被使用了2次。"你能帮助安德鲁找到正确答案吗？（从左到右顺序计算，不用考虑先乘除后加减的问题。）

9		2		11		13		6		3

=	45

提示

　　可以试着从结果"45"反推过程。可以用45乘以或除以3、加上或减去3。看看这种策略能否帮助你找到思路。记住，数学计算就像逻辑思维一样，每一步都要有依据，最终才能得出正确结论。

奋勇直前

谜题 23
伊森的数字小径

伊森也设计了一个"数字小径",他想考考最初的设计者丽贝卡(见谜题12)。他在学生公共休息室外的院子里绘制了数字网格,如下图所示。他要求丽贝卡用一条完整的线,把网格上所有的点水平或垂直地连接起来。"按照你设计的规则,"他提醒丽贝卡,"有些方格中写有数字,这些数字表示方格的4条边中有几条边要与这条线重叠。"(如果方格中没有数字,则方格的任意一条边都可以与这条线重叠。)

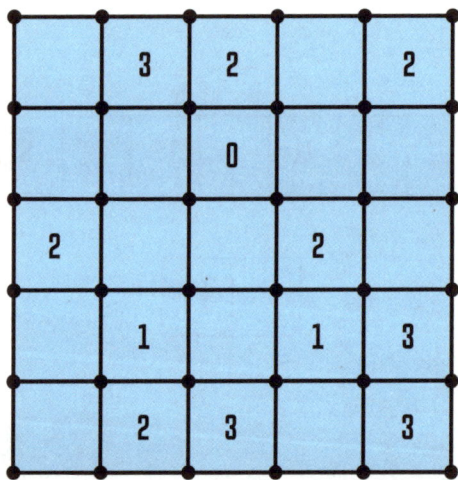

	3	2		2
			0	
2			2	
		1		1	3
		2	3		3

提示

记住:这条线必须经过所有的顶点。

谜题 24
莫萨达老师的数字金字塔 2

在第一个数字金字塔（见谜题1）获得大家的好评之后，莫萨达老师为他的高年级学生设计了第二个更具挑战性的谜题。和之前一样，金字塔中的每一块砖都包含一个数字。除最下面一行之外，每个数字都是它下面2个数字之和，如F=A+B，以此类推。"不要抱怨了，快找出缺少的数字吧！"他告诉学生们。

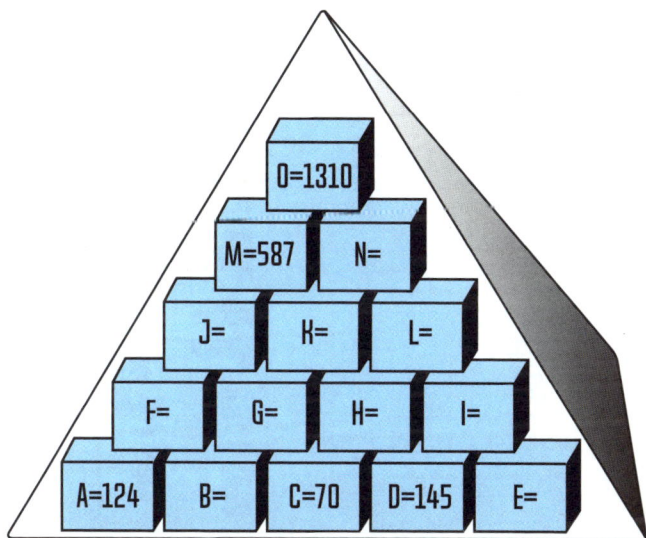

O=1310

M=587   N=

J=   K=   L=

F=   G=   H=   I=

A=124   B=   C=70   D=145   E=

提示

最好的方法是从顶端开始。

奋勇直前

谜题 25
网格块 2

与之前的谜题5一样，这道题需要你把右边的12个黑色图案放到左边的网格中。网格外的数字表示每一行从左到右或每一列从上到下的连续黑色小方块的数量。每一组中连续的黑色小方块之间至少有1个空心小方块。例如，"3，2"可以指一行中先是0个、1个或多个空心小方块，接3个连续的黑色小方块，然后是至少1个空心小方块，再接另外2个连续的黑色小方块，最后是任意数量（包含0个）的空心小方块。每个黑色图案都可以旋转或翻转，但是黑色图案之间不能相邻，即使是对角线相邻也不行哟。

提示

多想一想，每个图案可以有多少种不同的摆放方式，很好玩的。

谜题 26
哈利·斯塔斯的纸牌游戏 2

汉克很喜欢哈利之前设计的纸牌挑战（见谜题7），而且自己设计了一个新版本。12张纸牌的总面值是83，且各张纸牌的面值各不相同（这幅纸牌中A=1，J=11，Q=12，K=13）。水平和垂直方向上相邻的纸牌颜色不同，且每一行有4种不同的花色，每一列有3种不同的花色。此外，汉克还给了哈利这些线索：

1.面值为13的纸牌与面值为7的纸牌相邻，并在其左侧；面值为7的纸牌与方块5相邻，并在其下方。

2.面值为3的纸牌和面值为9的纸牌相邻，并在其上方；面值为9的纸牌和黑桃A（面值1）相邻，并在其右侧。

3.方块10和面值为12的纸牌相邻（垂直或者水平），面值为12的纸牌花色与面值为4的纸牌花色相同。

4.纸牌F的面值比纸牌J的大1。

5.纸牌H和面值为2的纸牌花色相同。

你能帮助哈利确定这些纸牌的面值和花色吗？

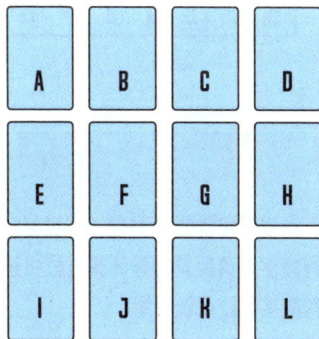

A	B	C	D
E	F	G	H
I	J	K	L

奋勇直前

谜题 27
数字搜索 2

你能在网格中找到下面所有算式的答案吗？答案中的数字可以按从前往后的顺序排列，也可以按从后往前的顺序排列；可以横着排、竖着排，也可以斜着排。但必须连续排列。

1　8917834+38947

2　2897581+3902

3　771139×3

4　38928+387289

5　489289×838

6　932383892−778493

7　160+14+986

8　210×78

9　108+107+1031+8888

10　420×396

4	3	3	3	7	8	4	3	1	0	1	4
3	2	5	8	7	3	3	8	7	3	2	2
2	1	6	7	3	1	8	9	3	9	9	2
3	4	8	2	3	2	8	4	9	3	2	2
3	0	5	8	1	0	7	3	1	5	1	8
7	8	8	3	2	7	5	6	3	0	9	1
5	3	7	3	1	0	0	5	3	9	9	4
3	5	6	8	6	5	1	0	7	3	2	2
5	6	3	1	3	1	1	5	1	1	6	0
1	2	3	1	3	4	1	7	6	4	9	0
3	9	8	9	7	4	5	8	3	9	0	1
5	3	8	1	8	7	6	5	9	8	9	4

提示

这道题和谜题14类似，不过你必须先计算出你要寻找的所有数字。请反复检查计算过程和答案，否则你可能会为错误的数字花费很长时间！

谜题 28
德尔的送货服务

德尔经营一家送货公司，帮助私人客户和小型企业将小批货物从一个城镇运送到另一个城镇。上周，他送了5次货。你能根据下面的线索推出他每天的送货路线，以及运送的对应货物吗？

1.德尔在去福沙姆的前一天为一家小公司运送了几箱水果，但运送水果的这次行程比他从东坊出发的行程晚了一些。

2.与鞋子相比，奶酪需要更早被运送，而且鞋子不是来自诺斯布鲁克。

3.周一的行程不是前往三屯，周六的行程不是从南福特出发。

4.某次行程是从韦斯特伯里到奥尼福德；而在这次行程的前一天或后一天，德尔将文具运送到了五木。

5.前往二伯里（不是从诺斯布鲁克出发）的行程比从米德尔赫姆出发的行程晚了2天。

		东坊	米德尔赫姆	诺斯布鲁克	南福特	韦斯特伯里	五木	福沙姆	奥尼福德	三屯	二伯里	书籍	奶酪	水果	鞋	文具
日期	周一															
	周二															
	周四															
	周五															
	周六															
货物	书籍															
	奶酪															
	水果															
	鞋															
	文具															
目的地	五木															
	福沙姆															
	奥尼福德															
	三屯															
	二伯里															

日期	出发地	目的地	货物

谜题 29
数独 2

你能在空白的格子中填入恰当的数字，使每一行、每一列和每一个九宫格都恰好包含数字1到9吗？

	2	7		8				
8	9	5		7		4		2
3			7	4	1			
		4				9		
			8	9	3			5
9		2		5		6	8	1
				1		5	2	

提示　大正方形网格的四个角上的数字加起来是25。

谜题 30
数字填空 2

　　与我们之前的谜题11一样，你的任务是将下面这些数字填到网格中。网格中已经填好了一个三位数。也许下一步你可以先找出一个第二位数字是3的七位数。

三位数	4292	48543	451839	5173426
116	5972	52927	629387	5223672
298	6703	64036	702276	6367121
~~433~~	8025	76480		6742187
822	9432	83502	**七位数**	7262741
		87219	1380273	7631622
四位数	**五位数**	95751	2013652	9134852
1559	10165		3820879	9196419
2810	29357	**六位数**	4034328	9253147
3143	31274	342461	4757927	

谜题 31
奥佩耶米的书架

　　这道题主要考察你仔细阅读信息并从信息中得出结论的能力。上周一到周六，奥佩耶米每天都买了一本参考书。这些书分为大开本和小开本两种。你能根据下面的线索推出奥佩耶米购买的每本书的字母编号、主题及这本书是星期几购买的吗？

　　1.奥佩耶米在买同义词词典的2天后买了某本大开本的书（已知不是地图集），这本大开本的书与主题为天气预测的书相邻且在其左侧。

　　2.周三购买的书比烹饪主题的书要大一些（2本书不相邻），而且这本关于烹饪的书比地图集晚2天购买。

　　3.主题是树木的书是在那本挨着主题为昆虫识别的小开本书之前购买的，同时这本关于昆虫识别的书比主题是树木的书购买时间早。

　　4.他在周六买了一本大开本的书。

书籍	主题	购买日期

A B C D E F

提示　　做笔记和画图表（还可以适当标注箭头）都会对解答这种逻辑谜题大有帮助哟。

谜题 32
数字搜索 3

　　与之前的谜题14和27一样，你的任务是从网格中找到每个算式对应的答案。答案中的数字可以按从前往后的顺序排列，也可以按从后往前的顺序排列；可以横着排、竖着排，也可以斜着排。但必须连续排列。

1　99×9×91

2　3827+4899620

3　387218−3896

4　88593+48970+874

5　848×827

6　992874+43903789

7　19929−83

8　84×12×108

9　9380×4890

10　3940×22

8	9	4	7	4	4	3	0	9	4	5	3
1	8	7	1	7	1	9	4	3	8	8	5
5	0	7	5	0	0	8	4	5	3	8	3
5	8	4	8	4	5	1	4	3	8	3	4
4	6	8	5	4	4	6	2	0	6	8	2
1	6	1	1	8	4	2	9	9	1	5	1
4	8	5	9	9	5	5	8	1	6	5	8
5	8	1	6	6	6	8	4	8	8	9	0
2	9	8	9	6	2	4	2	3	9	2	1
5	1	7	8	6	1	5	8	0	8	6	8
1	8	5	7	3	4	3	6	9	0	6	0
3	1	3	8	4	3	7	9	4	1	7	3

提示

　　充分利用这个谜题来复习你的多位数乘法运算，不要依赖计算器哟！可以试试心算，因为心算会刺激脑细胞的生长。

谜题 33

数字地带 2

　　艺术家、数学家伊斯特万设计了另一个数字地带装置（见谜题15），一个由4组九宫格组成的序列。在安装过程中，他邀请朋友吉塔从A到E的5个九宫格中选择一个填入空白处。吉塔应该选择哪一个九宫格呢？

15	81	57
49	98	63
36	54	18

9	33	48
28	84	14
63	12	39

24	15	63
21	56	91
78	42	84

?

18	9	36
35	63	9
45	39	21

A

77	30	45
84	28	21
57	12	27

B

3	30	53
70	42	56
48	69	3

C

6	66	27
98	21	35
14	51	24

D

21	75	54
77	14	42
33	6	42

E

提示

　　吉塔把这道题的解题过程分成三个部分，分别是观察九宫格顶部、中间和底部的数字。

谜题 34
维京的逻辑

　　布伦希尔德——维京海盗比约恩的妻子——正在挑选丈夫带回来的3个箱子。她被告知这3个箱子的标签都贴错了。现在，箱子上分别标有"骨头""高脚杯""高脚杯和骨头"。布伦希尔德伸手从一个箱子里拿出一件东西，看都没看这个箱子里的其他东西，就把3个箱子的标签重新贴了一遍，而且都贴对了。她是怎么做到的？

提示　　选择单个物品能提供更多信息的箱子。

培养逻辑思维的
困难谜题

大显身手　　　　　　　　　　7~8分钟

　　这部分谜题对你的逻辑思维要求更高，你必须加倍努力。逻辑思维是一种一丝不苟、有据可依的思考过程。你需要仔细观察、细致解析已知的信息，并且通过严谨的逻辑推理过程解出答案。有时，你需要整合逻辑思维、创造力和直觉。面对极具挑战性的谜题时，如果你觉得题目太难，请把书放在一边，休息几分钟，然后再继续解题。试着换个角度思考，说不定你会发现"新大陆"哟。赶快大显身手吧！

谜题 35
油漆匠道格尔繁忙的一周

油漆匠道格尔要粉刷市中心6家商店的店面。从以下的线索中，你能推出这些商店的排列顺序，以及道格尔要粉刷的第一家商店吗？

1.咖啡店和他要粉刷的第一家商店之间还有一家商店。

2.手工艺品店和杂货店之间有2家商店。

3.杂货店是街上的最后一家商店。

4.道格尔要粉刷的第一家商店不是面包店。

5.花店和咖啡店之间有2家商店。

6.银行和杂货店之间有3家商店。

7.花店介于他要粉刷的第一家商店和另一家商店之间。

提示

与之前的此类谜题一样，绘制图表会对你解题大有帮助。以视觉形式观察信息也可以调动大脑的更多区域。尽可能地调动大脑的各个区域，活跃你的思维吧。

谜题 36

哈利·斯塔斯的纸牌游戏 3

哈利·斯塔斯和好朋友汉克对纸牌游戏越来越着迷（见谜题7和谜题26）。在校园集市上，他们说服校长允许他们设立一个纸牌摊位。哈利排好纸牌，对顾客说："请根据我的提示，说出每张纸牌的面值和花色都是什么。"他给顾客的提示如下："纸牌的总面值是82，且使用的12张纸牌面值各不相同，这副纸牌中A=1，J=11，Q=12，K=13。水平和垂直方向上相邻的纸牌颜色不同，且每一行有4种不同的花色，每一列有3种不同的花色。"此外，他还提供了以下线索：

1. 方块Q与面值为2的纸牌相邻且在其左边；面值为2的纸牌又与面值为6的纸牌相邻且在其下方；面值为6的纸牌与面值为5的纸牌花色不同。

2. 梅花4与面值为7的纸牌相邻且在其下面；面值为7的纸牌又与一张纸牌相邻，并且不是在这张纸牌的左侧就是在其右侧，同时这张纸牌在面值为10的纸牌下面。

3. 纸牌F的面值比纸牌I的面值大2；黑桃J与面值为3的纸牌在同一行。

4. 纸牌A和比纸牌E的面值小2的纸牌花色相同；纸牌E的花色与面值为13的纸牌左侧的纸牌花色相同。

谜题 37
迟到难题

由于某些原因，我的5位好姐妹艾丽卡、琳恩、多琳、克莱尔、玛丽安今天早上上班都迟到了（她们各自的单位规定的上班时间相同）。你能根据下面的线索弄清楚每个人都在哪里工作，迟到多长时间，以及迟到的原因吗？

1.艾丽卡上班迟到的时间不是40分钟。琳恩在一家商店工作。在图书馆工作的姐妹（已知不是多琳或艾丽卡）上班迟到了30分钟。

2.老师（一场猛烈的冰雹使她未能准时到校）到单位的时间比被强风挡住的姐妹要晚。

3.克莱尔到单位的时间比因闹钟没响而迟到的姐妹晚20分钟（已知这位姐妹迟到的时间不是20分钟）。而克莱尔到达的时间没有在剧院工作的姐妹那么晚。

4.抱怨道路结冰的姐妹比因为树木倒下而不得不绕道的姐妹晚10分钟。

		图书馆	办公室	学校	商店	剧院	闹钟没响	道路结冰	倒下的树	冰雹	强风	20分钟	30分钟	40分钟	50分钟	60分钟
		工作地点					迟到原因					迟到时间				
姓名	克莱尔															
	多琳															
	艾丽卡															
	琳恩															
	玛丽安															
迟到时间	20分钟															
	30分钟															
	40分钟															
	50分钟															
	60分钟															
原因	闹钟没响															
	道路结冰															
	倒下的树															
	冰雹															
	强风															

姓名	工作地点	迟到原因	迟到时间

50

谜题 38
安德烈的虚拟多米诺骨牌桌

　　艺术家德鲁把多米诺骨牌桌的设计（见谜题3和谜题17）卖给了一个名叫安德烈的游戏开发者。于是，安德烈将多米诺骨牌桌融入了他的新电子游戏《逻辑》。玩家们被告知，一套标准的多米诺骨牌（共28张）已经被摆在桌子上了。他们的任务是将每张多米诺骨牌的轮廓画出来。安德烈在游戏中提供了下方的勾选框来帮助玩家，并且已经画出了一张多米诺骨牌的轮廓。记住，这些多米诺骨牌可以横着放或者竖着放，但不能斜着放。

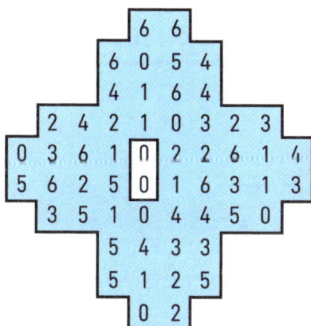

```
            6 6
          6 0 5 4
          4 1 6 4
      2 4 2 1 0 3 2 3
    0 3 6 1[0]2 2 6 1 4
    5 6 2 5[0]1 6 3 1 3
      3 5 1 0 4 4 5 0
          5 4 3 3
          5 1 2 5
            0 2
```

0-0	0-1	0-2	0-3	0-4	0-5	0-6
✓						

1-1	1-2	1-3	1-4	1-5	1-6	2-2

2-3	2-4	2-5	2-6	3-3	3-4	3-5

3-6	4-4	4-5	4-6	5-5	5-6	6-6

提示

　　在尝试做这道题之前，可以先把骨牌桌的示意图复印或者临摹到另一张纸上。这样你就可以在另一张纸上画出答案，而不用在书中的原图上做标记。

谜题 39
字母坐垫

现在，安德烈的电子游戏（见谜题38）《逻辑》围绕"逻辑酒店"展开情节。在这家酒店，桌子旁的六边形坐垫上写着大写字母，并且坐垫是按照逻辑顺序排列的。下面左图所示的字母坐垫需要重新排列，你知道如何排列才能让以下线索都是正确的吗？

1. 2个黑色坐垫在重新排列后相邻。

2. 坐垫F被移到了2个白色坐垫之间。

3. 只有一个坐垫保持位置不变。

4. 坐垫E不在坐垫C的旁边。

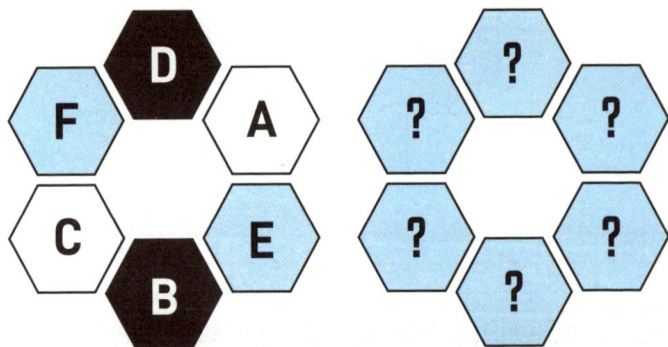

大显身手

谜题 40
与众不同的时钟

　　为了写一本关于梦的儿童读物，克拉丽莎创造了这个与众不同的24小时制时钟。时钟上的数字看起来很乱，而且时针没有指针。已知这些数字是按照一定的规律排列的，你能找到这些数字的排列规律，并且把问号对应的数字补充完整吗？

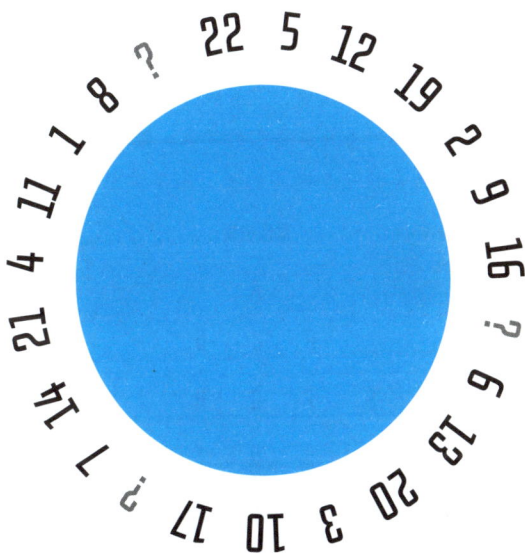

提示

　　要想找到规律，可以把升序数字分成几组，并分开解答。另外，做完这道题之后，试着完成下面这个额外的挑战：找出一种不同的编码规律，在圆圈外依次排列数字1到24，创造一个属于自己的24小时制时钟。

谜题 41
猫、鱼、跳蚤

这是哲学老师亚历克西斯设计的第三幅韦恩图（见谜题9和谜题21）。他把这幅韦恩图画在教室的白板上，并留下了题面：这幅图中的哪些区域对应下面的内容？

1.有白色爪子的黑猫，喜欢鱼，没有跳蚤；

2.有白色爪子的灰猫，有跳蚤，不喜欢鱼；

3.没有白色爪子的橘猫，喜欢鱼，有跳蚤；

4.有黑色爪子的黑猫，喜欢鱼，没有跳蚤；

5.有白色爪子的黑猫，喜欢抓自己的跳蚤，经常狼吞虎咽地吃鱼；

6.有黑色皮毛、白色爪子和跳蚤的猫，除了煮熟的鸡块，它们拒绝吃其他任何食物。

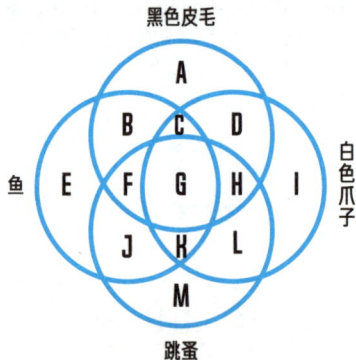

提示

一次专注于一条线索。如果你的视觉逻辑能力较强，你或许可以很轻松地在时间限制内完成挑战！当然，如果你觉得这类谜题比较难，也不用担心——通过练习，你肯定会熟能生巧的！

谜题 42
求和 3

　　"夕阳小调"餐馆生意兴隆，顾客们非常喜欢餐馆老板和哲学系学生卡洛设置的"求和"游戏（见谜题10和谜题22）。在最新的挑战中，卡洛给出了新的数字杯垫排列顺序，你需要在杯垫之间插入数学运算符号（+、−、×、÷）来形成等式。这些数学运算符号可以任意排列，但其中只有一个符号被使用了2次。（从左到右顺序计算，不用考虑先乘除后加减的问题。）

18		21		13		32		11		24

=	109

提示　卡洛不允许计算过程中出现负数，所以第一个符号（18和21之间的符号）一定是乘号或加号。

谜题 43
网格块 3

　　这是第三次在"网格块"中测试你的逻辑思维能力和视觉灵敏性（见谜题5和谜题25）。同样，任务是将右边12个黑色图案放到左边的网格中。你可以旋转或翻转图案，但是每个图案之间不相连，即使是对角线相连也不行哟。网格外的数字表示每一行从左到右或每一列从上到下的连续黑色小方块的数量。每一组中连续的黑色小方块之间至少有1个空心小方块。例如，"3，2"可以指一行中先是0个、1个或多个空心小方块，接3个连续的黑色小方块，然后是至少1个空心小方块，再接另外2个连续的黑色小方块，最后是任意数量（包含0个）的空心小方块。

谜题 44
质数之路

这是安德烈的电子游戏《逻辑》中的另一个谜题（见谜题38和谜题39）。一个房间里铺着金色的瓷砖，每块瓷砖上都有一个数字。你需要找到一条路径，从第一行的任意方格开始，在最后一行的任意方格结束，且经过的每个方格里的数字都是质数（质数是只能被1和它自身整除的数）。你可以向下移动或者左右移动，但不可以沿对角线移动。

4	30	68	63	49	27	9	19	87
18	22	14	89	97	2	15	37	81
17	44	66	53	4	11	79	73	9
29	12	77	5	24	49	77	33	57
71	23	36	7	25	59	31	83	23
16	45	18	71	67	23	62	15	61
2	61	19	14	8	18	44	12	79
11	10	83	59	29	47	13	17	97
43	62	99	21	32	33	46	75	55

提示　你不能多次通过同一个方格，但可以多次经过同一个数字。

57

谜题 45
数字地带 3

解码序列可以锻炼你的数字逻辑能力。艺术家伊斯特万在一个户外节目中设置了第三个数字地带谜题（见谜题15和谜题33），最先从A到E的5个九宫格中选出正确答案的人，可以免费获得2张演出门票。你需要先破解伊斯特万前3个九宫格的排列规律。

3	11	15
18	24	32
22	21	9

8	16	20
15	21	29
26	25	13

13	21	25
12	18	26
30	29	17

?

18	26	30
10	15	22
34	31	22

A

16	31	30
10	15	23
34	33	21

B

18	26	30
9	15	23
34	33	21

C

16	26	32
9	15	23
34	31	21

D

18	26	30
9	15	22
34	33	22

E

提示　观察每个九宫格和前一个九宫格的关系，在此过程中你可能需要做多次心算。

谜题 46
数独 3

这种数独游戏可以刺激你的大脑，提高你的数字逻辑能力（见谜题13和谜题29）。与之前的数独游戏一样，在空格中填入数字，使每个九宫格、每一列和每一行都恰好包含数字1到9。

4			1	2		9	3	
9	2							
1			5			2		
			3				6	
7	1						5	3
	8				4			
		1			3			2
							4	7
	9	7		6	2			5

提示　　大正方形网格四个角的数字加起来是23。

谜题 47
珍珠 2

　　与之前谜题 16 一样，方格上有白色或蓝色的圆，你的目标是画一条穿过所有圆的回路。规则是这样的：回路必须从方格4条边的中点处进出；必须在通过蓝色圆时向左或向右转；必须在通过白色圆时笔直穿过；必须在笔直穿过一个方格后，才能穿过有蓝色圆的方格；必须在进入白色圆之前或之后的方格中向左或向右转；可以笔直穿过空方格，也可以在空方格中向左或向右转。注意，回路不能进入同一个方格2次，也不能交叉。

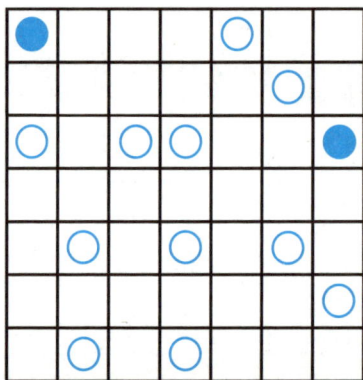

提示　　起点的位置在这道谜题中并不重要。只要按照上面的规则，你可以从图中的任何地方开始画线。

谜题 48
数字填空 3

在继续我们的逻辑思维挑战之前，再试一试数字填空谜题。与之前的谜题11和谜题30一样，你的任务是在网格中填入下面的数字。网格中已经填好了一个五位数，但填写下一个数字可能就不会那么简单了。哪个数字的位置已经确定了？开始填空吧！

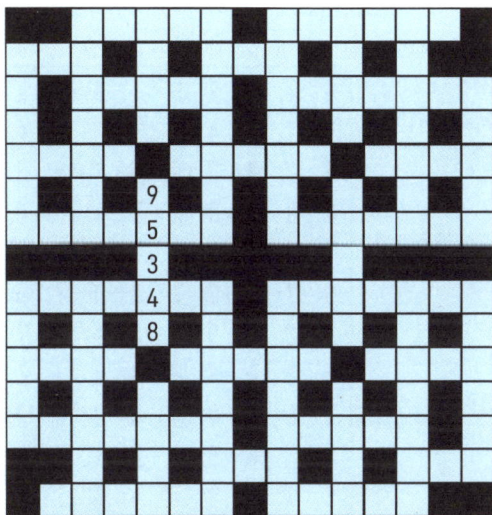

三位数	4282	49240	615087	3879154
158	5230	50371	626325	4637613
175	6114	57853	672418	5170954
238	7024	76727		5954256
245	8706	79263	**七位数**	6214155
		93279	1230427	6844231
四位数	**五位数**	95348	1675846	7104518
1698	16156		2136618	8347528
3716	38752	**六位数**	2676920	8866178
4189	38926	286348	3398117	

谜题 49
数字搜索 4

数字搜索（见谜题14、27、32）可以培养你的心算能力和数字逻辑能力。与此前一样，你的任务是根据左侧的算式线索，在网格中找到答案。答案中的数字可以按从前往后的顺序排列，也可以按从后往前的顺序排列；可以横着排、竖着排，也可以斜着排。但必须连续排列。

1 83+78+278+8919
2 9874+391+84512
3 3982+3893
4 382×111
5 788951+43789
6 38903−38
7 34887+19900
8 388×38
9 93939×8943
10 85189+39438

8	7	1	7	5	1	8	7	1	3	5	9
5	7	7	4	6	9	0	0	4	8	8	1
5	3	7	8	9	0	7	5	8	4	2	1
5	8	8	3	2	7	4	0	6	1	5	9
7	8	4	1	9	0	5	7	4	8	4	1
5	7	4	8	7	1	0	7	5	7	8	2
5	2	1	5	2	8	4	1	7	1	9	3
5	8	0	8	6	4	3	7	1	7	5	8
5	8	5	4	5	8	3	2	7	7	2	
3	3	8	9	2	3	1	7	8	5	0	3
9	7	3	8	1	4	0	7	5	8	3	1
7	8	1	3	5	8	6	3	9	8	7	1

提示 其中，只有一个答案的数字是竖着排的。

62

谜题 50
安静的图书馆

在学校图书馆里，5个学生正坐在下图所示的桌子旁努力学习。你能根据下面的线索，确定每个座位上学生的名、姓（已知其中一个名是罗伯特，其中一个姓是霍尔特），以及他或她正在读什么书吗？

1.在5个学生中，一个名叫布赖恩，一个正在读生物书，一个姓达特，一个正在读历史书（已知这个人的名不是蒂娜），还有一个人正坐在座位A上。

2.在5个学生中，一个名叫苏，一个正在读化学书，一个姓布朗，一个坐在座位B上，一个坐在座位E上。

3.苏（她的姓氏不是琼斯）没有坐在布赖恩旁边。

4.在其中的4个学生中，一个姓费雪，一个在读艺术书，一个名叫路易丝，一个正坐在座位D上。

5.在其中的4个学生中，一个名叫路易丝，一个姓琼斯，一个姓布朗（他读的不是生物书），一个坐在座位C上。

6.在其中的4个学生中，一个名叫苏（她的姓不是费雪），一个坐在座位A上，一个在读地理书，一个在读艺术书。

座位	名	姓	书

提示

分析时，可以花点时间在草稿上记录你的分析。

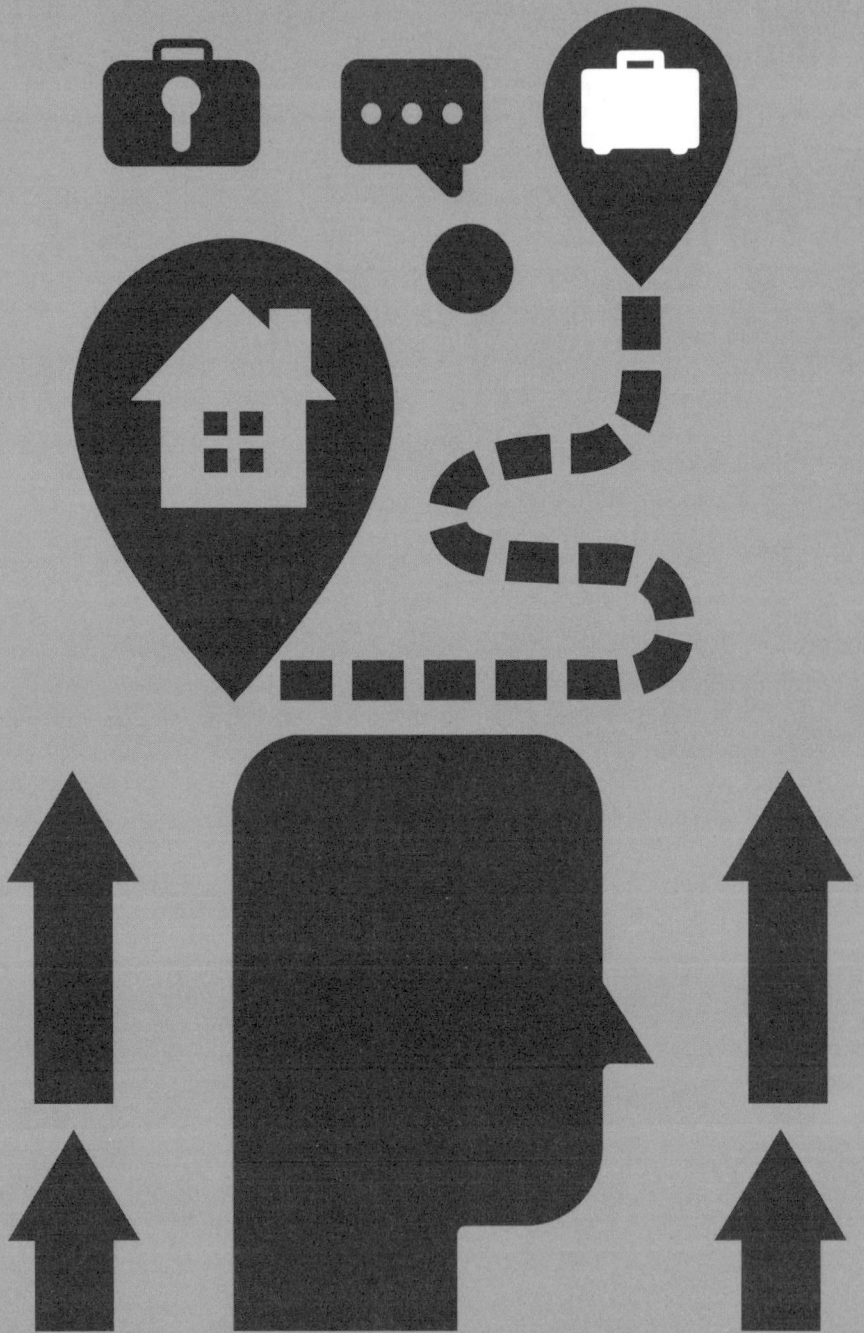

培养逻辑思维的
终极挑战

　　在本书的最后一部分，你将在一个模拟真实环境的情境中接受终极挑战，把你新发展出来的逻辑思维能力运用于实践。在这种复杂的逻辑思维挑战中，你可以把思维过程视为一串灯，当一个灯泡烧坏或一根电线短路时，整串灯就不亮了。这时必须逐个检查所有的灯泡和连接线路，直到找出问题为止。所以，你要检查逻辑思维过程的每一步。可以问一问自己："前提是否正确？推理是否严密？结论是否合理？"

逻辑思维能挽救你的工作吗?

　　后面的情景是对你的逻辑思维能力的考验,让你有机会将已经学到的各种策略应用于实践。在这一情景中,周一早上一上班,你就面对着颇为棘手的状况——由你负责的诸多事项现在都出现了问题,并且所有的证据似乎都表明你就是罪魁祸首。所以,你需要运用逻辑思维来弄清楚到底发生了什么事,并且想出问题的解决方案,以化解老板的愤怒,以及避免其他可能的严重后果,如丢掉工作!

　　在接下来的几页内容中,你需要认真思考,以确定事实,从中得出结论,并制订合理的对策。一定要保持怀疑,谨慎地审视你所面临的问题及接收到的信息。不要只看表象,问问自己:"我真的确定发生了什么事情吗?我能弄清楚这些话的真正含义吗?"当你认为自己确实搞清楚状况之后,制订一个解决问题的方案,问问自己:"我应该怎样使用逻辑思维来解决这个问题,是从合理的前提出发,找到与证据相符的简单逻辑链,然后推出合理的结论吗?"通读文本三四遍,在右边的侧栏记录线索和自己的想法。如果你遇到困难,请保持耐心,再次尝试应用简单的逻辑思维来让自己的思路更清晰。

这一周，在你工作的这家小公司，你将面临十分糟糕的开始。

故事背景是这样的：这是一家谜题设计和游戏开发公司，有6名成员。老板拉维很有创造力，但十分情绪化。你是二把手，头脑清晰，思维理性。公司还有3位设计师——阿尔菲、艾金和安娜，以及一位名叫穆斯的程序员，这位程序员总是安静工作，从不张扬。虽然老板拉维很难相处，但他非常热心，每天都会给员工发一封邮件，里面写着"Good morning friends. Enjoy your work."（早上好，朋友们，享受你们的工作吧。）

上周五下午5点，公司员工准备一起外出聚餐。但是，拉维突然发脾气了。第一，他全新的笔记本电脑坏了——员工们晚几天才能收到他的邮件，而且邮件内容根本无法理解。第二，锁匠很晚才能来安装新的门窗报警器，他刚刚打电话说"今晚会找个时间过来。"但是拉维等不及了，因为他要赶去欣赏一场音乐会。第三，拉维需要签

笔记&线索

一份重要的合同，但合同的另一方XY玩具厂之前说，要到周一才考虑这件事，那对拉维来说太晚了。

"别担心，"你说，"我会留下来等锁匠，处理合同事宜，并且尽量修好你的笔记本电脑。"

拉维同意了。"我会在离开之前给你发一封重要的电子邮件，"他说，"还会把你的手机号码留给XY玩具厂。千万别搞砸！公司的未来可能就取决于这份合同了，得到答复之后一定要立即回复我！"不久之后，阿尔菲、艾金和安娜离开了，拉维也跟着离开了。"笔记本电脑就在我的桌子上。"拉维说。穆斯过了一会儿也回去了，留下你一个人等待锁匠。晚上8点，锁匠终于来了。他安上了新的门窗报警器，然后告诉你如何使用。到了晚上10点，你锁上了办公室的门，设置好门窗报警器，然后回家了。

星期一早上，你早早地来到办公室。你登录后查看电子邮箱，收到了拉维的2封邮件，但是看着都没有什么实际含义。第一封邮件

笔记&线索

写着"Fiis niebubf deuwbsa.Wbhit tiye qiej"。第二封邮件写着"ZT qukk ewokt ub kwrrwe bynvwe xisw"。"哦，我的天哪。"你还以为其中至少有一封邮件比较重要。

之后你收到了XY玩具厂发来的一条短信，但这条短信的内容也很难理解。现在你开始慌了。手机是不是中了病毒？短信里写着"2，22，8"，这是什么意思？接着你收到了XY玩具厂的第二条短信，上面写着"14，22，22，7–21，12，9–15，6，13，24，19–7，12–8，18，20，13–24，12，13，7，9，26，24，7。"

这时，你接到了拉维愤怒的电话。"我刚刚到办公室，但发现有人偷了我的笔记本电脑！我们遇到小偷了！是你设置的门窗警报器！5分钟后来我的办公室，如果你不能解释清楚，就等着我报警吧！"

你会怎么做呢？或者更确切地说，你会怎么思考呢？

笔记&线索

69

答案

试着把答案作为你灵感的来源。我们都会有思路受阻，需要帮助的时候。这时，可以参考答案。但在看完答案后，请试着自己推导一下解题步骤，并把学到的策略应用到解题和现实生活中。另外，有很多题目不止一种解法，你可能会发现自己的解题思路和答案不同，这说明你正在施展自己的逻辑思维能力。

谜题 1
莫萨达老师的数字金字塔

一旦你掌握了解决这种谜题的思路，做这类谜题就会变成令人享受的事情。

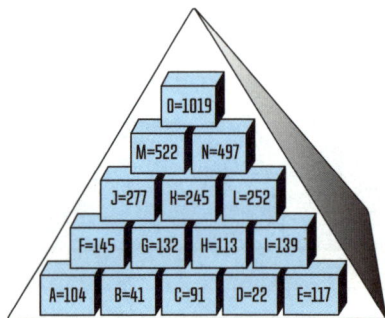

金字塔：
- O=1019
- M=522, N=497
- J=277, H=245, L=252
- F=145, G=132, H=113, I=139
- A=104, B=41, C=91, D=22, E=117

谜题 3
德鲁的多米诺骨牌桌

28张多米诺骨牌摆放在德鲁的骨牌桌上。

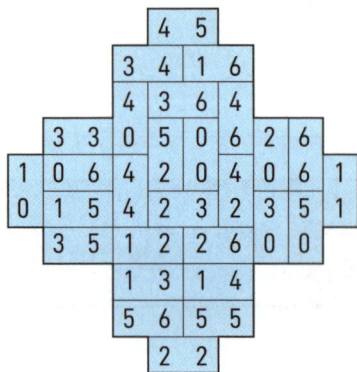

			4	5			
		3	4	1	6		
		4	3	6	4		
3	3	0	5	0	6	2	6
1	0	6	4	2	0	4	0	6	1
0	1	5	4	3	2	3	5	1	1
	3	5	0	6	2	6	0	0	
		1	3	1	4		
		5	6	5	6		
		2	2				

谜题 2
数字板

缺失的数字分别是8和2。马库斯发现，奇数1、3、5、7和9从左下角开始排列，呈之字形递增，而偶数10、8、6、4和2从左上角开始排列，呈之字形递减。

10	3	6	7	2
1	8	5	4	9

谜题 4
大学里的自行车铃声

学历史专业的学生住在马鞍街（线索1），学计算机专业的学生住在汉德巴尔山（线索4）。住在车轮路的学生学的不是工程学或心理学（线索3），所以他或她学的肯定是语言学。莎伦住在连锁店路（线索4）。吉米学的是工程学（线索3），他住在贝尔大道。莎伦学的是心理学。德里克学的不是历史专业或计算机专业（线索

72

2），所以他一定住在车轮路，学的语言学。汉娜不住在马鞍街（线索1），所以她必然住在汉德巴尔山。因此，乔治住在马鞍街。德里克有一辆橙色的自行车（线索2）。银色的自行车不是乔治的（线索1），也不是汉娜或莎伦的（线索4），所以它一定是吉米的。莎伦的自行车不是红色或绿色的（线索3），所以它一定是紫色的。乔治的自行车不是绿色的（线索1），所以它一定是红色的。汉娜的自行车是绿色的。

因此：德里克—车轮路—语言学—橙色；乔治—马鞍街—历史—红色；汉娜—汉德巴尔山—计算机—绿色；吉米—贝尔大道—工程学—银色；莎伦—连锁店路—心理学—紫色。

谜题 5
网格块

这类网格谜题被标记为"加时谜题"，因为其任务复杂，需要处理所有的数字线索。

谜题 6
只有一张纸条说的是真话

佩里的礼物在烤面包机里。唯一内容正确的纸条在橱柜上。如果礼物在冰箱里，橱柜上和烤面包机上的纸条内容都是正确的。如果礼物在橱柜里，冰箱上和烤面包机上的纸条内容都是正确

的。如果礼物在烤箱里、冰箱上、烤箱上和烤面包机上的纸条内容都是正确的。所以礼物只能在烤面包机里。

谜题7
哈利·斯塔斯的纸牌游戏

纸牌的总面值是84（总规则），所以缺少面值为7的纸牌（面值1到13的纸牌总面值应该是91）。纸牌F的面值不是10（如果是10，那么纸牌C的面值就会是7，线索2）。纸牌L的面值不是2（纸牌L的面值应该比纸牌C大6，线索2）。面值为6的纸牌、面值为10的纸牌及黑桃2应该刚好从上到下排成一列（线索1），所以黑桃2是纸牌I或K，并且纸牌A、C、F、H、I、K都是黑色花色的纸牌，即黑桃或梅花，纸牌B、D、E、G、J和L都是红色花色的纸牌，即红心或方块（总规则，红色的纸牌和黑色的纸牌不能横向或竖向相邻）。纸牌F的面值比纸牌C的面值大3（线索2），所以红心A（即面值1）不是纸牌B或D（线索3，红心A下方的纸牌应该比纸牌H的面值大3），因此它是纸牌E或G。

如果纸牌G是红心A，那么纸牌I是黑桃2，纸牌E是方块10（线索1），纸牌K是梅花，纸牌A的面值是6。根据剩下

的纸牌的面值，要满足线索2，则纸牌C的面值是5，纸牌F的面值是8，纸牌L的面值是11，但这样纸牌B就没有可取的面值了（线索4，纸牌B的面值要比某纸牌小2）。

因此，纸牌E是红心A（线索3），纸牌K是黑桃2，纸牌G是方块10（线索1和总规则），纸牌C是梅花6，纸牌H是梅花（线索3）。纸牌F的面值是9（线索2），纸牌L的面值是12。纸牌I是梅花，纸牌A是黑桃，纸牌F是黑桃。纸牌I的面值不是11（线索4），所以纸牌I的面值是8，纸牌H的面值是5（线索3）。纸牌D是方块J（即面值是11）（线索4），纸牌B是红心4。纸牌L是红心，纸牌J是方块。纸牌A不是K（即面值不是13）（线索2），所以纸牌J一定是K，纸牌A的面值是3。

因此这些牌分别是：

黑桃3	红心4	梅花6	方块J
红心A	黑桃9	方块10	梅花5
梅花8	方块K	黑桃2	红心Q

谜题8
在小之酒店解谜

留言簿新的摆放顺序如下。

2	4	1	3

谜题 9
热带鱼喜欢温暖的水域

黄色鳍

蓝色尾巴

生活在冷水中

在黑暗中发光

正确答案是F。安格斯知道，需要找到图中"黄色鳍""蓝色尾巴""在黑暗中发光"的圆圈相交区域，而且选择该区域中与"生活在冷水中"的圆圈没有重叠的区域。

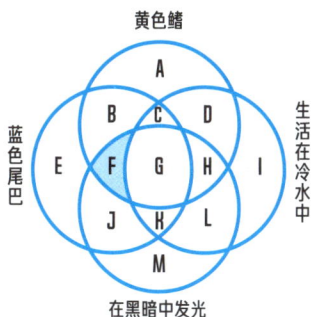

谜题 10
求和

在餐馆里的一个客人的帮助下，法布里齐奥将杯垫摆放成下图所示的样子，构成等式 6×3（$=18$）-5（$=13$）$+7$（$=20$）$\div 4$（$=5$）$+8$（$=13$）。

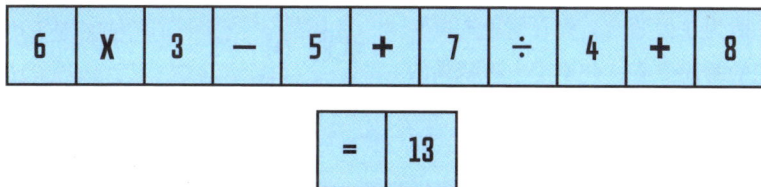

| 6 | X | 3 | — | 5 | + | 7 | ÷ | 4 | + | 8 |

| = | 13 |

谜题 11
数字填空

像这样的谜题既有利于培养你的数字识别能力，也可以锻炼你的视觉逻辑能力。如果你能在限制时间内完成，说明你已经很棒了。

谜题 12
丽贝卡的数字小径

伊森绘制的数字小径。在用粉笔记录路径之后，他在路径上放置了荧光绳，为夜里的派对设计了一条发光的小路。

谜题 13
数独

数独游戏可以很好地锻炼逻辑思维。因为在做题时，你必须思考所有可能的解决方案，并逐个去除错误的方案。

谜题 14
数字搜索

你想要找的数字是737531。

谜题 15
数字地带

阿科斯选择B，因为他计算出每个九宫格的第一、第二、第三列数字之和分别是13、14和15。

6	4	7
4	5	2
3	5	6

谜题 16
珍珠

你会注意到，这条线总是在白色圆圈的方格之前或之后转弯，并且总是在蓝色圆圈的方格之前或之后笔直穿过。

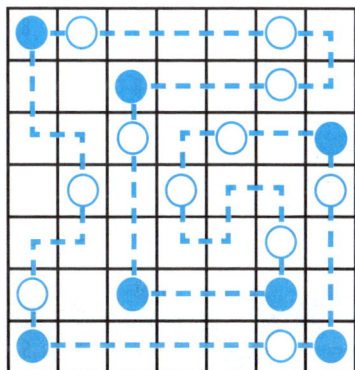

谜题 17
克莱德的多米诺骨牌桌

克莱德将多米诺骨牌按照下图摆放，骨牌上的数字与桌子上的数字能够完美匹配。克莱德很容易地就在时间限制内完成了挑战，因为他经常做逻辑谜题，以使大脑保持活跃状态。这种骨牌桌谜题很适合用来练习简单的逻辑推理。

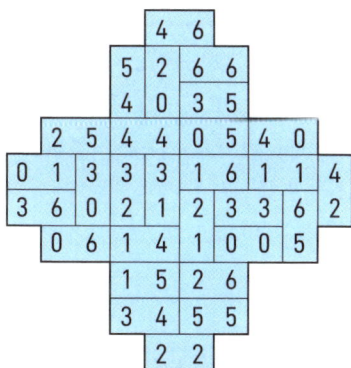

谜题 18
5个小朋友和他们的宠物

安妮养的狗叫船长（线索3）。有2条鱼的女孩不是乔西（线索2）或安妮（线索3），所以一定是卡罗琳。威廉

有6条鱼（线索3）。所以迈克尔是养了"慢慢"的男孩（线索1），他有3条鱼，而"声酱"和6条鱼（线索1）住在一起。乔西养了7条鱼（线索2），所以安妮有4条鱼。"乔伊"和"点点"的主人不是乔西（线索2），所以它们的主人一定是卡罗琳。"补丁"和6条鱼生活在一起（线索4），"大黑"和7条鱼生活在一起，所以"班吉"和"大黑"生活在一起。"莱尼"的主人是迈克尔（线索4），所以"波比"的主人是安妮。

因此：安妮—波比—船长—4；卡罗琳—乔伊—点点—2；乔西—大黑—班吉—7；迈克尔—莱尼—慢慢—3；威廉—声酱—补丁—6。

谜题 19
镜子序列

新的镜子序列中，星星图案向右移动了一个位置，正方形图案在它旁边，剩下2个白色的图案占据了左边的位置。

谜题 20
数字序列板

缺失的数字为7、12和14。序列板上的数字从4开始，逆时针螺旋排列，按照先加2再减1的规律往下延展。4（+2）6（−1）5（+2）7（−1）6（+2）8（−1）7（+2）9，以此类推。

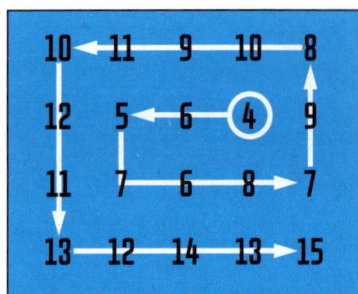

谜题 21
自行车的铃铛、篮子、灯和齿轮

1.表示有铃铛和篮子，但是没有灯和齿轮的自行车的区域是B；

2.表示有灯，但是没有铃铛、篮子和齿轮的自行车的区域是I；

3.表示有铃铛和灯，但是没有篮子和齿轮的自行车的区域是D。

亚历克西斯先生的自行车属于H区域。

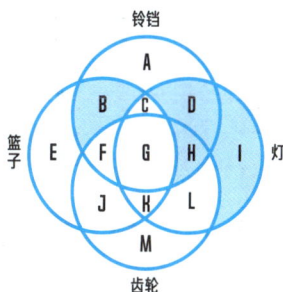

谜题 23
伊森的数字小径

丽贝卡绘制的数字小径。与其他类型的逻辑思维谜题一样，解决这道谜题的关键是严格地运用推理，每一步都要遵循丽贝卡设计的规则。

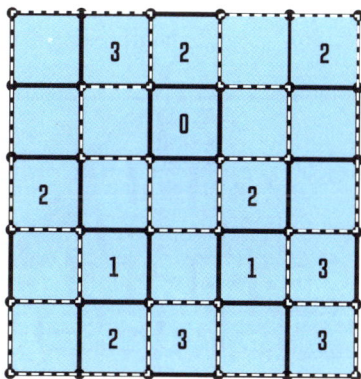

谜题 22
求和2

安德鲁想到的等式：

9−2（=7）×11（=77）+13（=90）÷6（=15）×3（=45）

谜题 24
莫萨达老师的数字金字塔 2

完整的数字金字塔。正如谜题页的"提示"所建议的，最好先计算 N：O（1310）–M（587）=N（723）。接下来可以根据M的值，来计算B（可以列个方程试一试）。

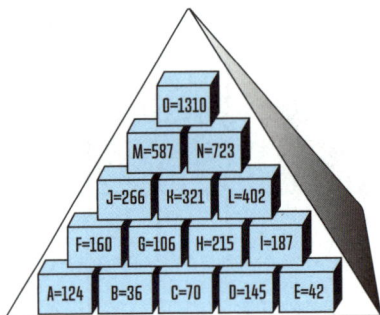

谜题 25
网格块 2

正如我们所见，视觉逻辑是逻辑思维的重要组成部分。有些人可能认为，视觉逻辑练习颇具挑战性；另一些人则可能认为，使用视觉逻辑非常简单。你呢？

谜题 26
哈利·斯塔斯的纸牌游戏 2

纸牌的面值总和是83（总规则），所以没有纸牌8。纸牌F的面值不是9或1（线索4），纸牌J不是K（面值13）和7；纸牌F的面值不是3（线索2和4）。如果纸牌G面值是3，那么纸牌K的面值是9（线索2），纸牌J是黑桃A。但是，这样纸牌B的花色就是梅花（总规则），方块5就没有面值可选。如果纸牌C是方块5，那么纸牌G的面值是7（线索1），纸牌F是K（面值13），纸牌K是红心（总规则），此时黑桃A就没有选择的余地了。因此黑桃A要么是纸牌G，要么是纸牌K，面值9对应纸牌H或纸牌L，并且面值3对应纸牌D或纸牌H（线索2）。

不管哪种情况，纸牌H要么面值是9，要么面值是3。所以纸牌B是方块5，纸牌F是7（线索1），纸牌E是K（面值13）。纸牌J是红心6（线索4及总规则）。纸牌L是方块，纸牌D是红心（总规则）。纸牌G是红心或者方块（总规则），因此黑桃A对应纸牌K（线索2），纸牌L面值是9，纸牌H面值是3。纸牌C和纸牌I是梅花，纸牌A是黑桃（总规则）。方块10对应纸牌G（线索3），纸牌C是Q（面值12），纸牌E是红心。梅花4对应纸牌I。面值2

的纸牌要么是黑桃，要么是梅花（线索5），因此对应纸牌A。纸牌H是黑桃，所以纸牌F是梅花。纸牌D是J（面值11）。

因此，这些纸牌分别是：

黑桃2	方块5	梅花Q	红心J
红心K	梅花7	方块10	黑桃3
梅花4	红心6	黑桃A	方块9

谜题 27
数字搜索 2

你要寻找的数字有：
1.8956781   6.931605399
2.2901483   7.1160
3.2313417   8.16380
4.426217   9.10134
5.410024182   10.166320

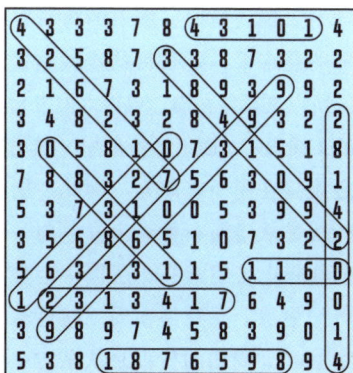

谜题 28
德尔的送货服务

周六的旅程不是从东坊（线索1）、南福特（线索3）或米德尔赫姆（线索5）出发的，所以这次旅程要么从诺斯布鲁克出发，要么从韦斯特伯里出发。从韦斯特伯里出发的旅程是去奥尼福德（线索4）的。来自诺斯布鲁克的行程不是前往二伯里（线索5），所以前往二伯里的行程不是在周六。周三没有行程（表格），所以周二的行程是来自米德尔赫姆（线索5），周四是前往二伯里。

要么水果周四被运输，周五的行程目的地是福沙姆（线索1）；要么水果周五被运输，周六的行程目的地是福沙姆。也就是说，周五的行程要么运输的是水果，要么目的地就是福沙姆。所以文具是在周二或周六被带到五木的（线索4），而韦斯特伯里—奥尼福德之旅是在周一或周五。因此，周六的行程是从诺斯布鲁克出发。周一不是前往三屯（线索3），所以一定是前往奥尼福德。文具是在周二被运输的（线索4）。周四的行程是从东坊（线索1）出发，水果是在周五被运输的，前往福沙姆的行程是在周六。周五的行程是从南福特到三屯。周六运输的货物不是奶酪和鞋子（线索2），所以一定是书。奶酪在周一被运走（线索2），鞋子在周四被运走。

因此，周一：韦斯特伯里—奥尼福德—奶酪；周二：米德尔赫姆—五木—文具；周四：东坊—二伯里—鞋；周五：南福特—三屯—水果；周六：诺斯布鲁克—福沙姆—书。

谜题 29
数独 2

数独游戏谜题可以提高你的整体思维水平，因为解决这类数字谜题会刺激你的大脑，提高思考的速度和效率。

6	2	7	1	8	4	3	5	9
8	9	5	3	7	6	4	1	2
4	1	3	9	2	5	8	7	6
3	5	9	7	4	1	2	6	8
1	8	4	5	6	2	9	3	7
2	7	6	8	9	3	1	4	5
5	6	1	2	3	8	7	9	4
9	3	2	4	5	7	6	8	1
7	4	8	6	1	9	5	2	3

谜题 30
数字填空 2

1	0	1	6	5		3	4	2	4	6	1
4	3	3		5		2	9	8		8		3
5		8	3	5	0	2		2	0	1	3	6	5	2
1		0		9		3		0		0		7		9
8	0	2	5		7	6	4	8	0		3	1	4	3
3		7		4		7		9		2		4
9	1	3	4	8	5	2		9	2	5	3	1	4	7
				5						7
5	1	7	3	4	2	6		4	7	5	7	9	2	7
2		6		3		7	0		1		1		0
9	4	3	2		6	4	0	3	6		5	9	7	2
2		1		6		2		4		4		6		2
7	2	6	2	7	4	1		3	1	2	7	4
	2		0		2			9		1	1	6
6	2	9	3	8	7		8	7	2	1	9

谜题 31
奥佩耶米的书架

烹饪书比较小（线索2），所以周六购买的不是它（线索4）。周六购买的也不是同义词词典（线索1）、地图集（线索2）、关于树木的书和关于昆虫的书（线索3）。因此，天气书比较大，而且是周六购买的（线索4）。所以天气书对应书C（线索1），购买书B的2天前购买的是同义词词典。周五购买的书不是同义词词典、地图集（线索2）、树木书或昆虫书（线索3），所以这本书是烹饪书，地图集是周三购买的（线索2）。周四购买的不是同义词词典或昆虫书（线索3），所以这本书的主题一定是树木。地图集是大开本，是在购买烹饪书（线索2）的2天前买的，且地图集不是书B（线索1），所以一定是书F。主题是昆虫的书是在周一或周二购买的，所以不是书B（线索1）。因此，书B的主题是关于树木的（线索1），同义词词典是周二购买的。昆虫书是周一购买的。烹饪书不在地图集的旁边（线索2），所以烹饪书是书D（线索3），昆虫书是书E。同义词词典是书A。

因此，书A：同义词词典—周二；书B：树木—周四；书C：天气—周六；书D：烹饪—周五；书E：昆虫—周一；书F：地图集—周三。

谜题 32
数字搜索 3

你要寻找的数字有：

1.81081	6.44896663
2.4903447	7.19846
3.383322	8.108864
4.138437	9.45868200
5.701296	10.86680

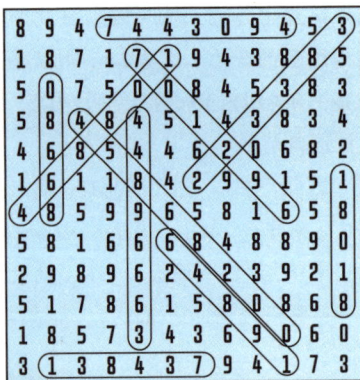

```
8 9 4 7 4 4 3 0 9 4 5 3
1 8 7 1 7 1 9 4 3 8 8 5
3 0 7 4 9 8 4 5 3 2 3 3
5 2 8 4 8 4 5 1 4 3 8 4
4 6 8 5 4 4 6 2 0 6 6 2
1 6 1 1 8 4 2 9 4 5 1 1
4 8 5 9 4 5 1 6 5 1 5 8
5 8 1 6 6 8 4 2 3 8 9 0
2 9 9 6 9 3 3 9 3 2 1 1
5 1 7 8 6 1 5 0 3 6 6 8
1 8 5 7 3 4 4 8 0 9 6 0
3 1 3 8 4 3 7 9 4 1 7 3
```

谜题 33
数字地带 2

吉塔选择了E，因为她找出了伊斯特万前3个九宫格中数字的排列规律。顶行和底行的数字都可以被3整除，中间行的数字能被7整除。九宫格E刚好满足这些条件。

谜题 34
维京的逻辑

布伦希尔德从标有"高脚杯和骨头"的箱子中取出了一件物品：一个骨头。因为箱子的标签被贴错了，因此正确的标签应该是"骨头"。而且，她知道之前标着"骨头"的箱子里不能装"高脚杯和骨头"，因为交换标签后，"高脚杯"标签仍然会被保留在原来的箱子上，而她被告知3个箱子都标错了。所以，原本的"骨头"箱子一定装了高脚杯，而原本的"高脚杯"箱子必然装了高脚杯和骨头。

谜题 35
油漆匠道格尔繁忙的一周

排列顺序：咖啡店、银行、手工艺品店、花店、面包店、杂货店。道格尔名单上第一家需要刷油漆的商店是手工艺品店。

谜题 36
哈利·斯塔斯的纸牌游戏 3

纸牌的面值总和为82，所以没有面值为9的纸牌。面值为10的纸牌可能是纸牌A、B、C或D（线索2），所以Q不是纸牌I或F（线索3），且纸牌F的面值不是2。因此纸牌G、J、K中的一个是Q（线索1）；纸牌H、K、L中的一个面值是2；纸牌D、G、H中的一个面值为6。因此，纸牌I不是梅花4（线索2和线索3），梅花4是纸牌J、K、L中的一个。如果方块Q是纸牌J，那么纸牌K就是2（线索1），纸牌L的花色是红心（总规则），这样子梅花4就没有对应的纸牌了（线索2）。如果方块Q是纸牌G，那么纸牌J和L的花色就是红心或方块（总规则），因此梅花4就是纸牌K（线索2），面值为7的纸牌就没有对应的了。所以方块Q是纸牌K（线索1），纸牌L是2，纸牌H是6。纸牌I和C是红心（总规则），纸牌A的花色是方块。梅花4是纸牌J，纸牌F是7（线索2）。纸牌B和L的花色都是黑桃，纸牌D的花色是梅花（总规则），纸牌I的面值是5（线索3），6的花色是方块（线索1），所以F的花色是红心（总规则）。纸牌E的花色是黑桃或梅花（总规则），因此K（面值13）的花色是红心或方块（线索4）。这时K（面值13）就没有纸牌对应了（线索4），因此纸牌C是K，纸牌E的花色是黑桃，纸牌G是梅花。纸牌A的面值是10（线索2），纸牌H是方块，且面值比纸牌E小2，因此纸牌E是8。黑桃J（面值11）是纸牌B，纸牌D是3（线索3），纸牌G是A（即纸牌G的面值是1）。

因此：

方块10	黑桃J	红心K	梅花3
黑桃8	红心7	梅花A	方块6
红心5	梅花4	方块Q	黑桃2

谜题 37
迟到难题

琳恩在一家商店工作（线索1）。在图书馆工作的姐妹迟到了30分钟（线索1），她不是多琳和艾丽卡（线索1），也不是克莱尔（线索3），所以一定是玛丽安。闹钟出现问题的姐妹（线索4）迟到的时间不是20分钟，所以克莱尔迟到了50分钟，在剧院工作的姐妹迟到了60分钟。在学校当老师的姐妹因为冰雹（线索2）而迟到了。在剧院工作的姐妹的闹钟（线索3）没有出现问题，也没有因为强风（线索2）或倒下的树（线索4）迟到。因此她是因为道路结冰才晚到了（线索4），克莱尔则是因为倒下的树迟到的。通过排除法，克莱尔在办公室工作。闹钟出现问题的姐妹晚了30分钟（线索3），她是玛丽安，综上所述琳恩被强风挡住了。老师比琳恩到得晚（线索2），所以老师迟到了40分钟，琳恩迟到了20分钟。在学校当老师的不是艾丽卡（线索1），所以一定是多琳。艾丽卡在剧院工作。

因此：克莱尔—办公室—倒树—50分钟；多琳—学校—冰雹—40分钟；艾丽卡—剧院—道路结冰—60分钟；琳恩—商店—强风—20分钟；玛丽安—图书馆—闹钟—30分钟。

谜题 38
安德烈的虚拟多米诺骨牌桌

在安德烈的电子游戏《逻辑》中，玩家必须先通过一系列需要视觉逻辑、语言灵活性和清晰推理的简单关卡，然后才能进入复杂的后续关卡。本书中还有类似的逻辑思维终极挑战谜题（见第68页）。

谜题 39
字母坐垫

安德烈在"逻辑"酒店餐厅设置的坐垫。A没有移动。答案可能不唯一，你能找到其他符合条件的答案吗？

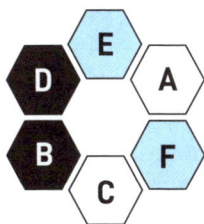

谜题 40
与众不同的时钟

在克拉丽莎的看似混乱的时钟上，缺失的数字分别是15、23和24。在每组递增数字（除4/11这组数字外，每3个数字或4个数字为一组）中，依次增加7，第一组数字即5、12、19。然后从2开始，进行新数列递增，以此类推。

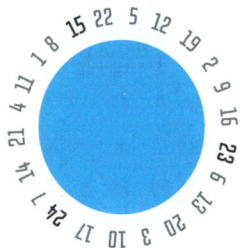

谜题 41
猫、鱼、跳蚤

1.C；2.L；3.J；4.B；5.G；6.H。在亚历克西斯先生的韦恩图上，这些区域已经被标记了出来。

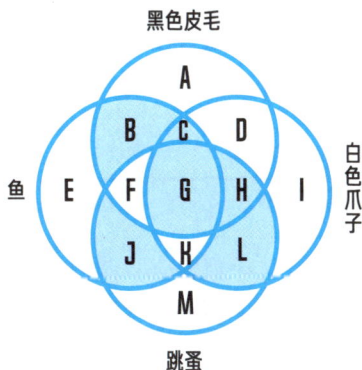

谜题 42
求和 3

18+21（=39）÷13（=3）×32（=96）−11（=85）+24（=109）

=	109

18	+	21	÷	13	✗	32	−	11	+	24

谜题 43
网格块 3

通过这类需要直观绘制信息的练习，我们的逻辑思维能力又得到了提高。

谜题 44
质数之路

在安德烈的电子游戏中，质数的线路如下图所示，依次通过了19、37、73、79、11、2、97、89、53、5、7、71、67、23、59、31、83、23、61、79、97、17、13、47、29、59、83、19、61、2、11和43。

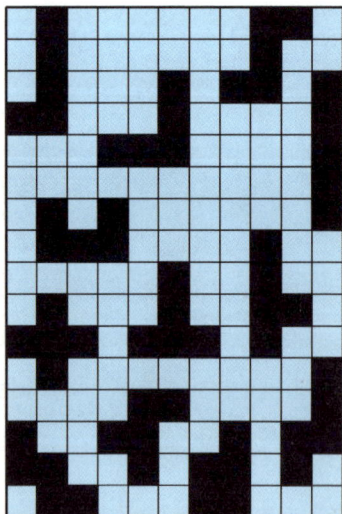

谜题 45
数字地带3

答案是C。首先观察左边几组九宫格，数字的排列规律是把前一组九宫格的顶行数字加5，中间行数字加3，底行数字加4，然后得到后一组数字。对第三组九宫格也做同样的处理，你就可以从各个选项中寻到最左边一列有18、9、34（其余列按同样方法计算）的九宫格了。

谜题 46
数独 3

已填好的数独游戏网格如下图所示。数独谜题能够让我们的数字思维和视觉思维协同工作，并让我们的思维能力大大提高。

4	7	5	1	2	8	9	3	6
9	2	3	6	4	7	5	8	1
1	6	8	5	3	9	2	7	4
2	5	4	3	9	1	7	6	8
7	1	9	2	8	6	4	5	3
3	8	6	7	5	4	1	2	9
5	4	1	8	7	3	6	9	2
6	3	2	9	1	5	8	4	7
8	9	7	4	6	2	3	1	5

谜题 47
珍珠 2

类似于一个良好的逻辑论证，每一段线都必须根据规则引出下一段线。

谜题 48
数字填空 3

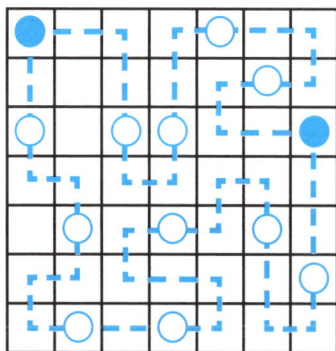

谜题 49
数字搜索4

你要寻找的数字：

1.9358	6.38865
2.94777	7.54787
3.7875	8.14744
4.42402	9.840096477
5.832740	10.124627

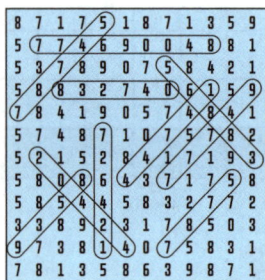

谜题 50
安静的图书馆

座位A上的学生读的书不是关于历史、生物（线索1）、地理或艺术（线索6）主题的，所以一定是关于化学的。他或她的姓不是布朗（线索2）。布朗没坐在座位B、座位E（线索2）或座位C（线索5）上，所以他或她一定坐在座位D上。在线索1中，名布赖恩和姓达特的人没有读历史书、生物书或化学书，所以他们读的是艺术书或地理书。因此，苏的姓不是达特（线索6）。她的姓也不是布朗（线索2）、琼斯（线索3）或费雪（线索6），所以一定是霍尔特。路易丝的姓不是费雪（线索4）、琼斯或布朗（线索5），所以一定是达特。她读的书不是关于艺术（线索4）的，所以一定是地理书（综上），因此布赖恩读的书是关于艺术的。布赖恩不姓费雪（线索4）或布朗（座位D），所以一定姓琼斯。座位A上的学生不是苏（线索6），所以他或她姓费雪。读生物书的同学不姓布朗（线索5），所以一定是霍尔特。姓布朗的学生读的是历史书，所以他或她不是蒂娜（线索1），一定是罗伯特。蒂娜的姓是费雪。苏没坐在座位B或座位E（线索2）上，所以一定坐在座位C上。因此，布赖恩坐的是座位E（线索3），路易丝坐的是座位B。因此：座位A—蒂娜—费雪—化学；座位B—路易丝—达特—地理；座位C—苏—霍尔特—生物；座位D—罗伯特—布朗—历史；座位E—布赖恩—琼斯—艺术。

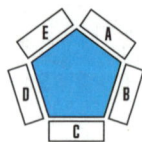

终极挑战
逻辑思维能挽救你的工作吗?

拉维怒火之下的威胁让你不安了一会儿。当然,你会怀疑自己,比如是你把门窗警报器设置错了,或者没有把窗户或门锁牢。也许,你要为丢失的笔记本电脑负责。

但是,当你决定把这三件事看作是对自己的挑战后,你用深呼吸让自己平静了下来,然后开始梳理所掌握的线索。

你可以看看拉维发送的电子邮件。假设其中一封是他每天早上自动发送的,如果确实如此,你就知道邮件的内容可能是什么了。假设邮件中的信息是按照某种规律出现了问题,"如果能找到规律,"你想,"我就能破译邮件的内容,其中一封邮件的内容是关于XY玩具厂的重要信息。"

你开始研究拉维的电子邮件,并低头看向键盘。你会看到,第一个词 "Fiis" 应该是 "Good"(好的)。你发现在键盘上,字母 "F" 在字母 "G" 的左边,字母 "i" 在字母 "o" 的左边,字母 "s" 在字母 "d" 的左边。会不会邮件中显示的每一个字母实际上都对应键盘上其右边的字母呢?

你明白了! 第一条信息显示为 "Fiis niebubf deuwbsa.Wbhit tiye qiej",翻译后应该为 "Good morning friends.Enjoy your work."(早上好,朋友们,享受你们的工作吧。)第二条,就是拉维所说的十分重要的那条信息,原文是 "ZT qukk ewoktub kwrwe bynvwe xisw",运用相同的规则进行翻译后,变成了 "XY will reply in letter number code."(XY玩具厂会通过用数字加密字母进行回复。)

你成功破解了邮件！现在，你可以想办法破解来自XY玩具厂的短信。你决定尝试用简单的字母数字代码，即按照字母表的排序来确定每个字母的数字，即A=1、B=2等。但是，这条路貌似走不通。第一条短信"2，22，8"被翻译成了"BVH"。

这个时候千万不要放弃，虽然思路受阻，但是多次尝试后，你决定反转代码，如这样：A=26、B=25，以此类推。这看起来有点希望了。第一条短信翻译后为"Yes"（是的）。第二条短信代表的数字为"14，22，22，7-21，12，9-15，6，13，24，19-7，12-8，18，20，13-24，12，13，7，9，26，24，7"，翻译后为"meet for lunch to sign contract"（午饭时见面签订合同）。

现在，你要考虑一下丢失的笔记本电脑是怎么回事了。通过逻辑思考，你意识到，如果前提是错误的，那么整个论证都是错误的。在目前的情况下，前提是笔记本电脑丢了，因为它被偷了。你决定考虑新的前提，笔记本电脑并没有被偷，那么它会在哪里呢？办公室里有什么地方可以放一台笔记本电脑吗？你还记得，当拉维抱怨他的笔记本电脑时，所有的工作人员都在场。这时，你突然想起穆斯很少与人交流。有没有可能穆斯在周五时把笔记本电脑带到了IT部门呢？你给他发了一封邮件询问此事。

当你走进拉维的办公室时，你可以告诉他，"别担心，一切都还在掌握之中。我知道你的笔记本电脑在哪里，并且已经回复了XY玩具厂。有空一起吃个午饭吗？"

笔记和涂鸦

笔记和涂鸦

How To Think: Logical Thinking Puzzles by Charles Phillips

Text and puzzles copyright © 2021 Imagine Puzzles

This edition copyright © 2021 Welbeck Non-Fiction Limited, part of Welbeck Publishing Group

Translation copyright © 2024 by Beijing Red Dot Wisdom Cultural Development Co.,Ltd.

All rights reserved.

著作权合同登记号　图字：01-2024-2334

图书在版编目（ＣＩＰ）数据

一道顶一万道. 逻辑思维就这样练 / (英) 查尔斯·菲利普斯著；张申文, 白柯欣译. --北京：北京科学技术出版社, 2024.7

书名原文：How To Think: Logical Thinking Puzzles

ISBN 978-7-5714-3798-5

Ⅰ.①一… Ⅱ.①查… ②张… ③白… Ⅲ.①思维训练－少儿读物 Ⅳ.①B80-49

中国国家版本馆CIP数据核字(2024)第064498号

特约策划：红点智慧
策划编辑：李安迪
责任编辑：郑宇芳
营销编辑：赵倩倩　刘叶函
责任印制：吕　越
出 版 人：曾庆宇
出版发行：北京科学技术出版社
社　　址：北京西直门南大街16号
邮政编码：100035
电　　话：0086-10-66135495(总编室)
　　　　　0086-10-66113227(发行部)
网　　址：www.bkydw.cn
印　　刷：北京中科印刷有限公司
开　　本：880 mm × 1230 mm　1/32
字　　数：90 千字
印　　张：3
版　　次：2024年7月第1版
印　　次：2024年7月第1次印刷
ISBN 978-7-5714-3798-5

定　　价：30.00元